战胜倦怠
在身心透支之前，掌控你的神经系统
Burnout

［英］克莱尔·普拉姆布利（Claire Plumbly） 著

李 毅 于淑婷 陈昶宇 黄曼歌 译

机械工业出版社

在本书中，临床心理学家克莱尔·普拉姆布利博士从神经科学角度剖析了倦怠的生理和心理机制，提出了"红绿灯"理论。书中提供了一系列实用调节方法，帮助我们从"警戒"的黄灯模式和"紧急"的红灯模式恢复到"放松"的绿灯模式，成功摆脱倦怠。

全书分为四部分：第一部分介绍倦怠的表现和神经系统运作；第二部分探讨倦怠的成因，包括文化压力和个人经历；第三部分提供恢复策略，如重建联结、管理内在批评和倾听身体信号；第四部分聚焦倦怠后的成长，帮助我们构建更健康的生活方式。

Burnout by Claire Plumbly

Copyright © Dr. Claire Plumbly 2024

Published by arrangement with Intercontinental Literary Agency Ltd., through The Grayhawk Agency Ltd.

Simplified Chinese Translation Copyright © 2025 China Machine Press. This edition is authorized for sale in the Chinese mainland (excluding Hong Kong SAR, Macao SAR and Taiwan).

All rights reserved.

此版本仅限在中国大陆地区（不包括香港、澳门特别行政区及台湾地区）销售，未经出版者书面许可，不得以任何方式抄袭、复制或节录本书中的任何部分。

北京市版权局著作权合同登记　图字：01-2025-0428 号。

图书在版编目（CIP）数据

战胜倦怠：在身心透支之前，掌控你的神经系统 /（英）克莱尔·普拉姆布利（Claire Plumbly）著；李毅等译. -- 北京：机械工业出版社，2025.7. -- ISBN 978-7-111-78752-5

Ⅰ. B84-49

中国国家版本馆 CIP 数据核字第 2025DE3303 号

机械工业出版社（北京市百万庄大街 22 号　邮政编码 100037）
策划编辑：廖　岩　　　　　责任编辑：廖　岩　张雅维
责任校对：薄萌钰　王　延　　责任印制：任维东
北京科信印刷有限公司印刷
2025 年 9 月第 1 版第 1 次印刷
145mm×210mm・9.25 印张・1 插页・189 千字
标准书号：ISBN 978-7-111-78752-5
定价：69.00 元

电话服务　　　　　　　　　　网络服务
客服电话：010-88361066　　　机　工　官　网：www.cmpbook.com
　　　　　010-88379833　　　机　工　官　博：weibo.com/cmp1952
　　　　　010-68326294　　　金　书　网：www.golden-book.com
封底无防伪标均为盗版　　　　机工教育服务网：www.cmpedu.com

本书的赞誉

对于任何正在经历倦怠的人来说，这本书都是一个绝佳的资源。克莱尔巧妙地融合了她的经验、知识以及倦怠背后的科学原理，创作出了一本能帮助你理解自身倦怠历程的书籍。如果你想获得一个清晰的计划和切实可行的建议，以帮助你从倦怠中恢复并防止再次发生，那么这本书就是为你准备的！我会向我所有经历倦怠的来访者推荐这本书。

——莉兹·怀特（Liz White）博士，临床心理学家，《你好，治疗》（*Hello Therapy*）播客主持人

这是一本研究透彻且不可或缺的著作，旨在应对一种社会性流行病。克莱尔的"红绿灯"系统非常清晰简洁，使我们所有人都能更好地理解和支持我们的神经系统。书中丰富的练习和案例研究，为预防、治疗并从倦怠症状中恢复提供了宝贵的指导。

——艾玛·里德·特雷尔（Emma Reed Turrell），心理治疗师，《我缺少什么》（*What Am I Missing*）作者

如果你曾受倦怠的影响，那么这本书绝对值得一读。克莱尔博士富有同情心且知识渊博，她的经验和温暖跃然纸上。她

借助众多生动的故事,深入浅出地阐释了倦怠的概念,并以循证研究为支撑,强调倦怠不是你的错,促使你做出积极改变以重新平衡并克服倦怠。我相信这本书会帮助很多人,我也会大力推荐它。

——杰萨米(Jessamy)博士,临床心理学家,《冒名顶替综合征的治愈》(*The Imposter Cure*)作者

复杂的科学原理在这里变得简单易懂,治疗策略也变得更加触手可及。强烈推荐。

——苏茜·雷丁(Suzy Reading),心理学家,《自我关怀的革命》(*The Self-Care Revolution*)作者

关于你的神经系统如何控制你的思想和情感,以及你可以为此做些什么,这本书提供了引人入胜的洞见。

——基伦·施纳克(Kirren Schnack)博士,《十倍平静》(*Ten Times Calmer*)作者

关于倦怠,我只会推荐一本书——就是这一本。世界各地的每个办公室和员工休息室都应备有一本。

——朱莉·史密斯(Julie Smith)博士,畅销书《为什么没人早点告诉我》(*Why Has Nobody Told Me This Before*)作者

关于本书

在本书中,我对倦怠症的重要研究进行了提炼和简化,但请记住,倦怠症的表现因人而异。如果书中的某个观点无法引起你的共鸣,那可能是因为倦怠症仍然是一个比较宽泛的概念,其衡量标准甚至定义有时都会有所差异。针对倦怠症的干预措施可以在个人、团队、组织乃至社会等多个层面上实施。一本书若要同时涵盖所有这些层面,篇幅将会庞大无比。本书专注于个人层面,尤其是那些神经系统不堪重负、感觉陷入困境的人。

在这本书中,我会通过许多故事来阐述观点。这些故事都是基于我多年工作中遇到的患者以及生活中接触到的人的经历改编而成的。为了保护他们的身份和隐私,我已经更改了故事中人物的名字及其他能够辨认身份的信息,比如性别、职业和具体情境。在引用特定情境来举例说明某一观点时,我已经得到了相关人士的许可。

书中所描述的神经科学旨在为你科普专业术语和概念,帮助你理解自己的经历,在阅读中减轻你的压力,便于你理解书中内容。但是,神经科学本身是一个复杂的领域,难以完美地概括,因此,书中简化了相关研究的概念,使其更贴合倦怠症这一主题。

请注意，书中的练习可能不适用于特定的伤害或疾病，如果你不确定，请咨询医生。

最后一个要点：本书无法代替专业治疗。如果你感到身心健康受损，请向心理健康专家或医生寻求进一步帮助，以获得评估和个性化的治疗计划。

引　言

在闹钟响起前的一个多小时里，莎拉盯着天花板，内心一直思考着工作项目。尽管已经醒了很长时间，她还是使尽全身力气才从床上爬起来。她感到身体沉重，缺乏休息，她的大脑从未停止运转，思绪在各种待办事项之间跳跃，无法在任何一件事情上停留足够长的时间来制订计划。她机械地洗漱完毕，穿好衣服，然后发现自己已经到了楼下。她走进客厅——但她来这里干什么？这种情况已经持续了很久。几个星期以来，她一直无法集中精力做事。当她拖着沉重的脚步走向大门，沿途是散落在房子各处的未完成的家务，这时，她的丈夫打来了电话。

"莎拉，你今晚回家的时候能顺便带个晚饭吗？"

又是一个要求……为什么总是我？好像无论何时，大家都需要从我这里索取一些什么。随后，她想起昨天发生的事，一阵痛苦的焦虑感涌上心头。她不该对那个问什么时候公布成绩的学生大发雷霆。她真希望自己没有这么做。如果他投诉怎么办？事情太多，时间太少。她的手机屏幕亮起，哦不，是她的一个好朋友艾莉森发来的信息。该死，上次她就没有及时回复。但现在她确实没时间。工作太忙，要求太高，根本无暇顾及其他任何事。

在她的同事们看来，莎拉还是一如往常地勤奋，但内心深处，她却感到没有动力，缺乏激情。她的课程计划缩减到只有寥寥数语。她比以前更忙碌，但却失去了曾经推动她的热情。尽管不情愿，她还是鼓起勇气告诉部门主管："我真的感觉不知所措，有点力不从心。"

"但恐怕这就是工作需要，莎拉。你需要人力资源部给你一些时间管理上的建议吗？"

这不仅于事无补，反倒打击了她的信心，让她觉得自己是个失败者。所以事情就是这样。没有人可以求助，她感到被困住了，十分孤独。

久而久之，莎拉醒着的时间越来越长——而那本应是她睡觉的时间——为了赶上工作进度。她在看电视的时候给卷子打分；工作到深夜，占用午饭时间做课堂计划，而不是认真吃饭或是和同事社交——聊天只会浪费宝贵的时间。

结果就是，她所做的事都不是为了取悦自己，当别人谈到周末出游、享受或爱好时，她只是无感地笑着。她觉得自己是因为没有时间所以无法放松自己，但事实上她已经失去了从这些事情中感受快乐的能力，甚至不记得自己以前为什么喜欢它们。她已经与周围的人变得疏远，无法想象自己会有什么不同的感觉。

晚上躺在床上，她会一直刷手机，以此来逃避脑海中的烦心事以及待办事项。她的身体一直处于紧张状态，以至于她最终入睡时也只是在半梦半醒之间徘徊，而无法进入深度睡眠……

引言

倦怠与压力有何区别？

当我们的个人生活和工作被不停地施加要求时，我们就会感到身心俱疲。就像橡皮筋一样，我们有能力拉伸相当长一段距离——事实上，适量的压力可以在我们能够掌控且有明确终点的情况下，带来积极健康的体验。但当其无法逃避，我们就会长时间地被拉伸到极限，导致我们的神经系统陷入生存模式而无法自拔。这种状态下，我们的情绪、思维、身体和行为都会受到显著影响，这就是所谓的"倦怠"。

许多人难以觉察到自己已经变得多么疲惫不堪，并可能认为倦怠意味着彻底崩溃（就如同橡皮筋断裂一样）；而事实上，长期过度透支影响的是我们的活动能力。就以莎拉为例，她忘记自己为何走入某个房间，冲着学生发火，艰难地完成思考。她隐约意识到自己状态不佳，易怒且健忘，但完全没有意识到自己已经倦怠。（这就是为什么我在第一章中阐述压力转化为倦怠的过程，以便读者能更好地了解相关阶段。）

倦怠超出了健康压力的范围。当我们感到压力时，由于神经系统动员起来准备应对挑战，我们的反应会变得忙碌而紧迫。当我们的大脑努力寻找解决方案时，我们可能会产生焦虑或以问题为导向的想法。当我们耗费全部精力和资源寻找解决方案却仍未找到时，倦怠就会产生。本质上，健康的压力是让人精力充沛的体验，在这种体验中，我们全身心地投入到达到目标或"解决"问题的过程中，而倦怠通常是一种空洞的体验，感觉我们已经倾尽所有，现在正空空如也地运转。就好比莎拉，我们可能会切换到一种"自动驾驶"模式来应对日常，看似可以把事情搞定，但却失去了对生活的热情和我们真正能够达到的效率水平。

在倦怠状态下，我们可能会感觉情感迟钝、愤世嫉俗、缺乏自信，并且与曾经让我们感到快乐的人和事失去联系。更糟的是，倦怠将我们困在一个恶性循环中，让我们相信只要坚持下去，就最终能走出去，我们会感到更平静、更安全；但倦怠没有尽头，这种思维模式只会导致功能衰退，直到最终大脑或身体以生理疾病或精神疾病或两者兼有的形式迫使我们停下来。

由于功能衰退的过程是逐渐发生的，因此在早期阶段很难发现自己正处于倦怠的迹象。界限一步一步被打破；曾经为休息时间所预留的所有生活小缝隙都被"干活"填满了；价值观被侵蚀或抛弃；你的自主感也消失了。你不仅不再享受生活，还觉得自己像是机械一般例行完成日常事务，失去了自我认同感。一旦达到这种倦怠状态，神经系统的反应会让你更难解决问题、做出理性决定，以及进行你迫切需要的自我照顾。在这种状态下，你知道你应该照顾好自己，但你似乎无法开始或坚持这样做，因为你没有生理上或精神上的资源。作为一名临床心理学家，我见过许多神经系统受到慢性压力影响的患者。

为什么倦怠是现代生活的通病？

这种人类困境最早由德裔美籍心理学家赫伯特·弗罗登伯

格（Herbert Freudenberger）在 1974 年提出，他用"倦怠"一词描述工作对能量、力量或资源的过度消耗。随着倦怠一词在多个领域成为议题，其在谷歌的搜索量也在逐步上升：教师倦怠、学业倦怠、创业倦怠、学生倦怠、父母倦怠等；医疗工作者和治疗师因为倦怠无法继续工作，最终生病或是离职。现代社会中，倦怠如同一场野火般蔓延。但究竟是什么导致了它的传播呢？

在美国作家安妮·海伦·彼得森（Anne Helen Petersen）的著作《躺不平的千禧一代》（*Can't Even*）中，她探讨了导致我们过度劳累的历史文化影响和权力滥用。美国梦延续着仅靠辛勤劳动就能白手起家的神话。西方价值观融入了新教的理念，将勤奋工作视为奉献的证明。在现代社会，我们美化工作，认为只有热爱你的工作，你的工作才有价值，这导致人们接受低薪工作，而这些工作会以其他方式回报你，无论这会如何影响你的生活水平和长期未来。加上疫情、经济衰退和政治动荡带来的不安，进一步加剧了人们对失去一切的恐惧。

这些文化影响加剧了一种感觉：我们不应松懈。我们内心深处认为，持续的生产力是一种保持安全、获得自我价值和巩固社会地位的方式，这使得设定自我照顾和个人时间的界限变得极其困难。当我问起如何设定界限时，我的来访者经常说他们不知道从哪里开始。这不是一项在任何地方都能培养或模仿的技能。作家兼哲学家帕斯卡·夏伯特（Pascal Chabot）在其 2019 年出版的《全球倦怠》（*Global Burnout*）一书中指出，倦怠是"一种文明病"。他认为，社会文明多年来一直在剥削我们的自然资源，现在也开始耗尽人力资源。

在一个永远在线、工作狂热的社会中，刺激、压力、决定、承诺和考虑接踵而至。过去我们常说把工作留在办公室，现在我们可以随时随地工作，我们也确实这样做了。这意味着，人类神经系统本来可以间歇性地应对小规模的刺激，但现在却每天要面对成千上万的刺激，不堪重负。

此外，现代生活也打乱了我们重置神经系统的方法，因为我们与他人和环境的联系越来越少。我们的生活节奏不仅快得惊人，而且我们更多地通过屏幕进行交流。我们重新锚定和安定神经系统的机会正在消失。

你能被正式诊断为倦怠吗？

在英国，了解情绪困扰的主要方法是通过国际疾病分类（ICD），其中行为模式被赋予诊断标签，如抑郁症、广泛性焦虑症等。我在写这本书时，最新版的《国际疾病分类》（ICD-11）将"倦怠"归类为"因未能成功管理的长期工作压力"而导致的一种综合征，⊖而在同等的美国手册《精神障碍诊断与统计手册》第 5 版中，却没有提及它。世界卫生组织（WHO）的定义源自《国际疾病分类》第 11 版，它明确指出这是一种"职业现象"，而不是一种医疗状况。

在一些国家，倦怠在临床环境中具有正式地位（例如法

⊖ 综合征不是一种疾病，而是一系列身体、情绪或行为的症状和不适。这些症状和不适同时出现，形成了一种不正常的状态。

国、丹麦、瑞典），但在英国、美国和澳大利亚，"倦怠"通常不会记录在患者病历中。全科医生更有可能将表现出类似倦怠困难的患者标记为"工作压力"，或将其归类为焦虑症或抑郁症。

该定义中的"职业现象"措辞意味着倦怠一词通常只用于正式的工作环境。但这种对工作的限制性理解对于数十亿的无薪人士（如照顾者、父母、学生等）的经历是说不通的，那些经历本身就对心理健康有负面影响。"倦怠"不能再停留于其最初产生的职业健康领域。倦怠综合征所描述的生理、情绪和行为困难是许多人都经历过的问题，如果不进行干预，任由这种状态持续下去，可能会对身心健康造成严重影响。

世界卫生组织对倦怠的定义还存在一个难点：我们什么时候"在工作"？无偿工作在某种程度上是每个人生活的一部分，比如养育孩子或做家务。这通常会让你感到沮丧，因为你一下班回家就开始了"第二班"——所有烦琐的家务管理、做饭和洗衣服。虽然并非所有关系都是如此，但研究表明，女性往往最终承担了大部分无偿工作，不仅是实际工作，而且还承担着"精神负担"——她们需要记得把东西放到购物清单上，给奶奶寄生日贺卡——这大大增加了疲惫感，也使得在自家这个所谓的"安全"空间里放松变得更加困难。

那些自认为有倦怠感或因"压力"而辞职的人可能不会想到寻求心理健康专家的帮助，但与普遍看法相反，你不需要正式的心理健康诊断就可以寻求心理学家或心理健康专业人士的支持。我希望这本书能对你或任何有这种感觉的人有所帮助，提供应对的想法，并让你了解如果你选择获得额外帮助，治疗方法会是什么样子。

关于我的治疗方法

所有临床心理学家都接受过有关人类情感和行为理论的培训，研究已经证明这些理论是有效的。这些理论为我们提供了一个框架，我们用它来开展工作，从进行治疗到编写自助书籍，我们倾向于选择的理论不仅反映我们的世界观，也反映我们的来访者的需求。

作为心理创伤领域的心理学家，我倾向于采用创伤知情理论——这些理论能够解释个体的行为模式和情绪困扰背后的原因，包括他们经历了什么、这些经历如何触发了他们的生存反应，以及他们为了应对这些事件（可能造成内部压力并导致倦怠）而需要做些什么。它们包括：

- 你已经有所预料的过去经历，最近的一些例子可能是：一段感情的结束；工作中的人事调整；工作中遇到一个难相处的老板；更早的经历的影响，比如父母过于严格、被欺负或生活中经历了许多动荡。
- 你生活中出现的对你来说不太明显的压力，例如原生家庭或社会对你的期望、你人生早期与主要照顾者的关系、不平等、无力感和未被满足的需求。

当我为来访者进行治疗时，有一部分的工作是倾听这些可见和不可见的经历，探索它们是如何被视为威胁的，并帮助他们理解自己的负面情绪反应和应对策略为何是有意义的。当人们认识到一个看似无害的事件在成年后留下了持久的伤痕时，往往会有释然的感觉。

近年来，心理学领域，尤其是在创伤领域，越来越注重倾听我们身体的智慧，并让这种智慧引导我们去满足自身的需求。如果我们倾听并帮助身体感到安全，这种安全感会向上渗透，带来许多寻求治疗的人所渴望的平静的思绪和感受。这本书采用了这种方法，其中有两个模型是我在整本书中引用最多的。第一个是斯蒂芬·W. 波尔格斯（Stephen W. Porges）的多重迷走神经理论（PVT），它帮助我们了解慢性压力下神经系统发生了什么。理解这一点可以激发人们定期练习自我护理方法的动力，从而更快地带来改变。（心理治疗中最初的压力神经系统模型仅基于神经系统的两个分支：副交感神经或绿色模式和交感神经或琥珀色模式。虽然这可以解释倦怠中的一些问题，如狂躁和易怒的困难，但多重迷走神经理论对第三个背侧迷走神经分支的描述使我们能够更好地理解许多人在倦怠后期感受到的封闭和绝望。）

但倦怠的恢复并非一蹴而就。因此，为了了解你的神经系统，我们还将借鉴同情聚焦疗法（CFT）的智慧。这不仅会解释你是如何陷入困境的，而且还提供了一条长期的出路。通过改善自我安抚和自我同情，能够产生一种具体体验，即激活与感觉平静和与周围人联系相关的神经通路，你可以培养坚持自我护理习惯的能力，尽管你知道这些习惯有所帮助，但却经常忽略它们。

这本书有什么值得期待的？

我根据心理学家在治疗中通常遵循的方式来构建本书的结构：评估你的问题、了解你所需的神经科学、提供调节神经系统的快速工具，然后更深入地探究那些不断重复的潜在模式并学习如何摆脱这些模式。

在第一部分中，我们将探讨倦怠造成的问题、如何在不同阶段识别它以及如何在它阻碍你前进之前发现它。我还将说明为什么倦怠会困住你并改变你的行为、情绪和观点，然后解释这些变化的生理原因。第一部分以第五章结束，其中提供了快速调节疲惫神经系统的方法。

第二部分解释了倦怠并不是你的错。它展示了如何根据过去的经历和当前的困难建立一个框架来理解导致倦怠的思维模式、习惯和行为。它帮助你看到应该关注什么来理解障碍，这样你就可以驾驭它们，而不是让它们完全让你偏离正轨。

第三部分分享了提高自我同情以实现长期健康平衡的方法。我还将向你展示如何将这些想法应用于你周围的人。

第四部分为你提供了避免未来发生倦怠的步骤，以及如何利用从倦怠的负面经验中吸取的教训，实现未来的成长、发展和自我保护。

整本书中，我使用了多年来与我合作过的来访者群体的案例研究。为了保护这些人的身份和隐私，书中的名字、性别、职业和情况都经过了更改。我特别关注了四个角色，他们都在工作中承受着压力,并且还表现出内在压力。当他们精疲力竭时,我们通常会在治疗中处理这些压力。他们是阿尼卡(NHS的一名高级护士)、斯科特(一位努力创业的企业家)、苏拉杰(一家知名公司的初级建筑师)和莎拉(一位因压力而辞职的教师)。

本书的核心信息是:倦怠不是你的错;它是多种因素的结合,我们可以在这里一一梳理。尽管如此,你仍然有能力做出积极的改变——即使是很小的改变,随着时间的推移也会产生巨大的影响。这本书将告诉你如何做到这一点。

目　录

本书的赞誉
关于本书
引言

第一部分　不堪重负的神经系统——它如何扼杀你的思考和享受生活的能力

第一章　倦怠是什么感受　/　2
第二章　慢性压力如何导致倦怠　/　32
第三章　红灯模式：为什么倦怠让我们崩溃　/　60
第四章　如何获得安全感　/　74
第五章　如何让你的神经系统进入绿灯模式　/　95

第二部分　驱使我们走向倦怠的力量——以及我们是如何陷入其中的

第六章　理解过往经历，串联生命中的关键点　/　118
第七章　那些将我们推向倦怠的外部压力　/　137
第八章　摆脱倦怠，重新起航　/　151

第三部分　重获平衡，从倦怠中恢复

第九章　恢复平衡 / 168

第十章　学习如何倾听自己的感受 / 179

第十一章　管理内在批评者的工具 / 195

第十二章　重建你的联结 / 210

第四部分　倦怠后的成长

第十三章　奠定基础 / 224

第十四章　蓬勃发展的工具包 / 237

结语 / 257

参考文献 / 259

致谢 / 272

作者简介 / 274

第一部分

不堪重负的神经系统——它如何扼杀你的思考和享受生活的能力

想象一下,两个人买了同一款车,且驾驶技术同样娴熟,但第一个人是训练有素的机械师,而第二个人对汽车的工作原理一无所知。当汽车开始发出间歇性的金属撞击声时,机械师能够敏锐地察觉到问题所在,所以立即靠边停车进行检查和调整。而另一个司机一开始并没有注意到这种声响,但当他终于意识到时,他只是心存侥幸地想:嗯,这真让人恼火,希望它快点消失!

同样,当我们了解神经系统内部的运作方式,并掌握必要的工具时,我们就能在第一时间发现问题。第一部分将教你如何做到这一点,使你成为自己自主神经系统的"机械师"。

第一章
倦怠是什么感受

几个月前,阿尼卡因身体不适和频繁的恐慌发作而请了病假,随后她找到了我。作为病房的一名高级护士,她通过不懈努力逐渐晋升到了这个职位。为了更好地理解她的状况,我请她描述一下一般情况下她的工作日是如何度过的。

她告诉我,她早上五点半起床,打扫完屋子后去上班。下班时,当病房交接完毕后其他人都回家了,她却会返回病房,因为她心里始终有一种负罪感和责任感,她认为需要完成自己开始的工作,而不是将未完成的工作交给同事。于是不可避免地,回到病房后,她又开始忙于新任务;同事们也渐渐习惯了她的额外付出,忘记了她其实已经超出了自己的工作时间。当她终于回到家时,已是夜幕深沉。她的一天在黑暗中结束,正如它在黎明前开始一样。家人早已吃过晚餐。阿尼卡只得重新加热晚餐,没有时间放松或与伴侣和孩子互动,她筋疲力尽地上床睡觉。她思绪依然纷乱，难以平静，躺在床上拿起手机，不知不觉中又买了五件不需要的衣服。

阿尼卡形容自己像一只天鹅，在水下拼命划水，但在水面上却显得平静。她已经习惯了高水平的压力和过度劳累，以至于失去了对自己状态的清晰认知。

"我从未觉得我拼尽了全力，"她告诉我，"总是有更多的事要做，所以我不认为我能停下来。说实话，我甚至没有足够的空闲时间照顾我的伴侣和孩子。我不知道他们的现状。我的工作占据了我全部的精力，我全神贯注于患者的需求，生怕自己会失去这份工作。"

她在家里昏昏沉沉地处理着日常事务，在工作中，则被卷入紧急事务、例行检查和无休止的文书工作中。责任感和一种根深蒂固的信念驱使着她，认为自己不可或缺。生活中的琐事——那些曾经觉得可以处理的小问题——现在却被她的疲惫所放大，变得难以承受。她过去总是通过整理自己的房间和清理收件箱来获得安慰，让自己在混乱中有一种控制感，但现在这种方法已经不再能让她感到轻松，她开始采取一些快速缓解的方法，她知道这些方法不太健康，但她似乎无法控制自己：喝更多的酒，强迫性地浏览社交媒体或网上购物。直到几个月的休假后，她才开始感觉好些，她的身体逐渐放松下来，从不知所措中走出来。

为什么阿尼卡这么长时间以来都没意识到自己承受了多大的压力？为什么在身体将这种压力强加于她之前，她没能休息一下？

阿尼卡的经历与美国社会心理学家克里斯蒂娜·马斯拉奇（Christina Maslach）教授定义的倦怠的三个维度相符，她对护理专业人员身上的"超然关怀"（detached concern）很感兴趣，她的工作为我们目前对倦怠的概念化和测量奠定了基础：

1. 身体与情绪上的疲惫：感到不堪重负、筋疲力尽、无精打采。你会感到沉重和迟钝，或是在情感上感到毫无活力。处于倦怠中的人们常常感到压力巨大、易怒或者沮丧。这会发展为对工作丧失动力，失去热情。

2. 脱离感（指人格解体）：脱离工作或者生活，有时被称为"同情疲劳"或是更普遍的感知困难——麻木。马斯拉奇将其描述为"超然关怀"，也可能看起来像愤世嫉俗或情感回避。

3. 个人成就感下降或感到无能为力：由于上述问题，你的工作效率可能会降低。例如，疲惫和脑雾会让你难以集中注意力或清晰思考。拖延症加重可能意味着你会逃避工作，或者匆忙行事导致错误。愤世嫉俗和情绪疲惫可能会让你工作时不会密切关注细节，或者以偷工减料作为应对机制。你也可能认为自己不擅长所做的事情，并对自己的努力和工作非常挑剔。

马斯拉奇的描述是世界卫生组织（WHO）目前官方定义的基础。但她的开创性工作得到了进一步的扩展，澳大利亚悉尼的临床精神病学家戈登·帕克（Gordon Parker）教授及其团队对1019名自我认定为倦怠的参与者进行了研究，其中既包括从事有偿工作的人，也包括从事无偿工作的人，例如父母和非正式护理人员。据此，他们列出了倦怠中最常见的身体和情感问题：

疲惫（69%的受访者如此认为）——感到厌倦、劳累、无精打采、没有活力。

焦虑（51%）——感到压力大、担忧、不堪重负，无法放松或停止工作，在休息时反复思考工作，感到恐惧、烦躁不安。

冷漠（47%）——表现为对工作或工作以外的事缺乏同理心、兴趣或乐趣，愤世嫉俗、麻木、拒绝加入、无感，只想"走过场"。

抑郁（38%）——心情低落、伤感、绝望无助，降低自我价值，自我怀疑，甚至（尽管很少）想自杀。

易怒（34%）——经常表现为不耐烦、焦躁不安、沮丧和怨恨。

睡眠障碍（34%）——要么是睡眠不足，要么是睡眠过多。

缺乏动力或激情（33%）——在生活和/或工作中缺乏满足感，感觉在工作上无法做出成绩，工作缺乏目标或是对工作热情降低。

认知问题（32%）——包括专注、注意力和记忆力问题，脑雾或思维模糊，难以列出计划或做出决定，感到困惑。

表现力受损（26%）——效率降低，工作质量下降，出现更多错误，逃避责任，拖延。

不合群（25%）——自主地与世隔绝，远离家庭、朋友、同事和客户。

这些常见经历的根源在于我们的神经系统对长期持续压力的反应。我们将在接下来的两章中了解它们为何会有这样的反应，以及创伤和倦怠之间的关系，在此之前，让我们先看看导致倦怠的常见情况。

理解同情疲劳

"同情疲劳"（compassion fatigue）是一个常用来描述倦怠的第二个维度——疏离感的术语，尤其在护理行业中，那些与痛苦个体打交道的人会频繁提到。然而，许多心理学家认为，同情本身并不会疲劳，这个术语更多的是与同理心（empathy）有关。

同理心的特点是能感受到他人的情绪，无论是积极的还是消极的。长时间处于他人的情绪痛苦中，会让人感到疲惫不堪、难以承受。而同情心则是一种希望以温暖、善良和不带偏见的方式让事情变得更好的愿望。自我同情就是以这种方式回应自身的痛苦。同理心是同情心的一个方面，但同理心本身会让人感到疲惫和情绪上的消耗。如果你承担他人的痛苦而不满足自己的情感需求（使用自我同情），那么就会导致情绪过载，甚至让你感到绝望。

基于这个原因，"共情痛苦疲劳"是描述这种体验的更加准确的术语。

倦怠的诱因和模式

心理学和教育学教授巴里·法伯（Barry Farber）对治疗师和教师倦怠的研究发现，对工作相关压力的反应主要有三种模式，即倦怠的三种亚型（尽管他指出，我们可能会在不同时间在这三种亚型之间摇摆不定）：

- 狂热倦怠
- 低挑战倦怠
- 疲惫倦怠

最常见的亚型是狂热倦怠，但我的许多患者三种亚型都经历过。

让我们依次来了解一下。

狂热倦怠

这描述了一种应对压力而更加努力工作的模式。当工作需求超过舒适地完成工作所需的资源，并且渴望做好工作时，就会发生这种情况。因此，你的工作与生活界限就会模糊，工作会变得无所不包。那些对自己的工作充满热情的人更容易出现这种情况，尤其是在预算削减和利润缩水导致员工短缺的情况下，留下的员工被挤压，而且正如我们将在第七章中看到的那样，社会压力迫使我们将这种倦怠模式视为正常现象。这种倦怠的典型发展轨迹倾向于高度焦虑和易怒，其次是身体疲惫，随后是感情麻木，导致你与周围环境的联系减少，逐渐愤世嫉俗。刚入职或刚进入职业领域的新员工尤其容易受到这种倦怠的影响。

低挑战倦怠

倦怠的产生不仅仅是因为压力过大。单调乏味的工作或缺乏自我发展的机会同样会导致精神上的刺激不足，进而产生低挑战倦怠。如果你做的是重复性工作，且缺乏多样性，这可能会导致低挑战倦怠，因为你没有得到足够的精神刺激。这种倦怠的典型发展轨迹是：单调乏味使你对工作感到不满，从而导致疲倦、与工作环境的疏离感增强，最终降低你的效率，比如，不再为事情做准备，忘记去做自己说过会做的事情。这种疏离感也会表现为对曾经在乎的事情变得漠不关心。

父母或照顾者在照顾高需求的子女时，需要重复准备一日三餐、打扫卫生和照顾他们的日常，这些事务缺乏对大脑的刺激，让他们感到单调乏味，这意味着他们得不到足够"健康"的压力来正常生活。（我们将在第二章中进一步讨论健康压力与不健康压力）。但这种情况也可能发生在工作场所，即便这份工作表面上看起来具有智力刺激性。我的一位专门研究心脏病学的兽医朋友告诉我，她每天处理的病例都十分相似，以至于她选择承担额外的研究项目，以此保证自己对工作的参与感，防止日复一日的相同病例使她厌倦。高成就个体更容易陷入此类型的倦怠，因为他们倾向于寻求挑战，希望在挑战中焕发生机。

疲惫倦怠

此类倦怠与工作量的大小和刺激神经的程度无关。相反，它与你的工作是否符合个人价值观以及你从中获得的成就感有关。举个例子，如果你的工作单位原本是通过治疗手段帮助人们改善心理健康，但单位只允许你对患者进行六个疗程的治疗，而你很清楚这至少需要十六个疗程，这与你的价值观相冲突，也让你无法从工作中获得成就感。如果你的努力没有被认可，这种倦怠会进一步加剧。疲惫倦怠的发展轨迹通常始于情绪疲惫与沮丧低落。在持续一段时间后，这种情绪会从精神上压垮你，于是你试图通过保持距离来应对，通过疏远来避免过度在乎工作中的细节。经验丰富的员工有较大可能陷入这种倦怠亚型。

这种倦怠的极端形式是道德创伤（Moral Injury）——目睹自己不认可的事情或被要求以与自己的道德相冲突的方式行事所导致的急性反应。其结果是你对自己或世界的根本信念发生转变，比如自我厌恶或是对他人失去信任。最初，这种倦怠被视为军人特有的问题，但在疫情期间，紧急处置和医疗环境中的工作人员也出现了同样的情况，这解释了为什么这些领域在过去几年中遇到了极大的挑战。

更容易造成倦怠的因素

生活中的一些因素能制造额外的压力，因此更容易导致倦怠，我把这些因素列为下面几点：

育儿

成为父母会带来许多的压力和单调性，尤其当孩子年幼且需要细致呵护时，这种负担感尤其重。而且，随着孩子的成长，逐渐成熟独立时，父母仍要面临新的挑战。父母的倦怠表现在马斯拉奇的三个领域，情绪疲惫的信号伴随着对孩子的疏离感显露出来。举个例子，父母们经常说："我爱我的孩子，但我无法忍受和他们待在一起。"而作为父母，他们也会有一种持续的失败感。对父母性格的研究表明，父母倦怠风险较高的人缺乏应对强烈情绪的技能，难以快速切换任务，也难以处理噪音和要求等刺激。保护因素包括拥有强烈的父母身份认同感（例如，如果你一直渴望成为父母），以及来自家庭或亲密的父母朋友群体的支持。

照顾他人

2019 年，约有 13% 的 50 岁以上成年人每周至少为另一名成年人提供一次非正式护理，随着人口老龄化，这一比例还会上升。你照顾某人的时间越长，他对你的依赖程度越高，你的照顾负担以及由此产生的长期压力就会越大，你与相关的医疗专业人员的关系就越差。缓解非正式护理人员倦怠的方法包括拥有强大的社会支持和与你所照顾的人保持积极的关系。某些疾病导致被照顾者具有攻击性，会给护理人员带来额外的压力。波兰的一项研究调查了在家照顾人的非正式护理人员的需求，结果显示，护理人员比他们所照顾的人有更多未满足的需求，这显著增加了倦怠的风险。

学习

在学生倦怠的情况下，学业要求（例如多个作业的截止日期和成绩）与缺乏应对资源（例如教师支持、心理辅导、压力管理方法和同龄人群体）之间存在显著关联。科学家已经对医学生群体进行了深入的研究，倦怠率从 7.3% 到 75.2% 不等（取决于国家和使用的倦怠衡量标准）。医学课程的高强度要求被认为是导致这一结果的主要原因，包括频繁的评估、实践作业以及在繁忙医疗环境中进行的工作实习。

管理不善的工作场所

来自多个就业部门的调查显示，员工倦怠是许多职业中的普遍问题，从企业工作到医疗保健和社会服务、工程师、律师、会计、教师和警察。在大型正式组织环境中，有很多潜在的运行问题可能导致倦怠，例如过度管理、严格的目标、缺乏自主权、资源供应不足等。此外，当政策和领导层未能富有同情心地运作时，员工的需求就得不到很好的满足。他们对工作的满意度较低，难以平衡工作与生活，从而导致员工倦怠。多年来，公共部门尤其是护理行业一直面临着严重的倦怠问题，原因就在于此。

成为领导者

领导者角色可能很孤独，且需要承担许多情感需求，这让领导者也容易陷入倦怠。当然，倦怠的领导者无法为员工提供高质量的管理，这会产生连锁反应。例如，他们可能会对团队提出更多要求，推迟做出重要决定，变得不耐烦或不尊重他人的界限。所有这些都会形成一种有害的工作场所文化，我们将在第十二章中更详细地讨论这一点。

自己当老板

企业家、自由职业者和个体经营者面临的压力与受薪雇员略有不同。他们在创业之初往往肩负着不确定性带来的重担，因为他们知道，公司的生存和员工的福祉都存在风险。他们可能身兼数职，尤其是在创业初期，因此有很多事情要做，而且他们经常表示，这些工作占用了他们的个人时间。与成熟公司的领导者一样，他们的角色也可能是孤独的，很少有合适的人可以寻求情感支持。自主权是缓解创业倦怠压力的一个方法，因为企业家可以决定自己要做什么，尽管他们可能并不总是拥有资源或勇气去做。

好消息是，对于这些群体来说，有研究表明可以通过积极的缓冲方式来减少压力，包括神经系统管理和社会支持。提高你的情商——理解、引导和管理情绪的能力——来管理压力是其中的一部分。最重要的是，这些技能可以在任何年龄学习，我们将在第三部分和第四部分中讨论如何做到这一点。

与倦怠特征相似的心理和身体健康诊断

请记住，其他因素也可能影响你的感受。即使对于专业人士来说，理清不同的心理健康和压力相关问题也并非易事，而且身体或心理健康问题和状况也可能与倦怠同时发生，从而使你的感受更加复杂。

在接下来的章节中，我们将深入探讨人类的压力和创伤反应，以及它们对我们身体的累积影响。许多研究表明，长期暴露于压力激素中而缺乏适当的休息和恢复机会，会对我们的器官和身体系统造成损害。心血管疾病、糖尿病、关节炎、慢性疲劳综合征（CFS）和肠易激综合征（IBS）是身体疾病的几个例子。更重要的是，未解决的倦怠会导致身体和大脑试图停止工作或以可能符合其他心理健康诊断标准的方式应对。就我们在本章开头讲到的阿尼卡而言，她的医疗记录上的官方诊断是恐慌症，因此她找到了我，但通过咨询，我们发现她的问题实际上源于她忽视了早期的倦怠迹象。

下面列出的健康问题都与倦怠有相似的特征。

心理健康诊断⊖

这些是指 ICD-11 的诊断类别。

⊖ 关于心理健康诊断的简要说明：精神疾病的诊断是对行为或情绪反应符合某种常见观察模式的个体给予的标签。它们并不表明外在表现之下有某种看不见的东西导致了这种情况。因此，这种诊断不同于身体健康诊断，后者有潜在的生物学原因、感染或解剖异常。

神经分化

虽然神经分化（如多动症和自闭症）本身不会导致倦怠所造成的困难，但为了减少被视为"异类"的感觉，人们可能会掩饰自己与世界互动的自然方式，这种行为最终会让人感到疲惫不堪。你的掩饰行为可能已经成为习惯，以至于你甚至可能意识不到自己在做什么。生活在一个优先考虑神经正常的人的需求的世界里是件辛苦的事，所以这可能会导致你感到疲惫、愤世嫉俗和缺乏自信。这种情况可以通过专家和医疗从业者进行评估。

焦虑

虽然焦虑感经常出现在倦怠中，但焦虑症诊断，如强迫症（OCD）、健康焦虑症和广泛性焦虑症（GAD）是不同的。区别在于侵入性思维（不请自来地出现在你脑海中的不愉快想法）的性质、频率和强度，这些思维可能围绕一个主题聚集。在健康焦虑症中，侵入性思维将集中在健康担忧上；在强迫症中，它们可能是对亲近的人受到伤害的恐惧；而在广泛性焦虑症中，人们通常会担心事情出错或自己无法应对（此外，这些担忧的想法会导致强烈的冲动，想要采取行动来防止坏事发生；这些冲动被称为强迫行为或安全行为）。

抑郁

如果你出现了以下至少五种不同的症状，并且持续时间超过两周，在一天中的大部分时间里都困扰着你，那么你可能会

被诊断为"临床抑郁症":

- 情感低落
- 对各种活动的兴趣显著下降
- 认知困难,且影响专注力、决策力和注意力
- 自我价值感降低
- 对未来感到绝望
- 经常性的自杀倾向
- 睡眠变化(嗜睡或失眠)
- 胃口显著变化(吃得过多或过少)
- 精神运动迟滞(减慢)
- 疲惫不堪

抑郁症通常是由艰难的生活事件和境遇引起的,如无法控制自己的处境、无人可依靠、遭到压迫、不平等、不确定性和缺乏亲密关系等不利情况会导致绝望感、自我价值感降低以及无法从任何事情中找到乐趣。抑郁症中的这些不利情况比与倦怠相关的典型情况更为广泛。研究人员现在普遍认为,在倦怠的情况下,我们关注的是因长期工作失衡导致的急性、慢性压力反应的影响。

身体健康问题

身体和大脑并不是相互独立的,因此,倦怠会对身体健康产生负面影响。事实上,身体健康往往是人们不得不放慢脚步或寻求帮助的主要原因。

感染病毒后或身体损伤后造成的创伤

身体健康出现问题后,想要完全恢复过来需要花费一定时间,而这时间比我们预料的要长得多,这也会造成疲惫不堪和情绪崩溃。

慢性疲劳综合征(CFS)

CFS 是一种复杂的综合征,其特征是极度疲劳、肌肉疼痛和脑雾。通常,这种疲劳会时好时坏,而不是像倦怠症患者那样持续感到疲惫。

营养不良

可以通过血液检测来评估你体内矿物质以及维生素的水平。铁、钙以及维生素 C、D 和 B12 对能量和认知功能尤其重要。

激素变化——无论男性还是女性

激素的波动会影响我们的身体。研究表明,男性体内睾酮水平低会导致疲劳、情绪低落和失眠。

激素变化的原因各不相同,事实上,压力是其中一个可能的原因。女性在更年期前后(通常在 40 多岁)会经历激素波动,此时雌激素和孕激素的产生逐渐减少。性激素减少已被证明是脑雾、疲劳、情绪变化和睡眠困难的一个因素,这些症状都与倦怠中出现的困难密切相关。确定原因是倦怠还是更年期(或两者兼而有之)需要检查那些不重叠的特征,例如倦怠中常见的工作成就感降低和情感疏离。

> **是倦怠，还是别的原因？**
>
> 有一些检测倦怠的自我评估工具可以在线轻松获取。下列是一些选择：
>
> • 马斯拉奇倦怠量表（MBI）：这是最初的工作场所倦怠测量工具，目前已在许多研究中得到验证和使用。它将问题分为倦怠的三个维度，以显示你在哪些领域最挣扎。还有针对教育工作者、医务人员、人类服务人员和学生的特定版本。MBI 受版权保护，因此需要支付少量费用。所有这些版本都可以在 www.MindGarden.com（一个在线心理评估网站）上找到。
>
> • 哥本哈根倦怠量表（CBI）：如果你想使用免费工具，哥本哈根倦怠量表（CBI）可在网上轻松获取。该量表是在人们对 MBI 提出批评之后开发的（例如，有些人对问题的措辞方式有负面反应，并且在某些国家或地区文化适应性不足，如 CBI 的发源地丹麦）。
>
> • 父母倦怠评估（PBA）：PBA 也可在线免费获取，它共有 23 个问题，涉及你对为人父母的感受、疲惫程度和对养育子女的感知。
>
> • 非正式护理人员倦怠量表（ICB-10）：ICB-10 也是免费的，它由 10 个问题构成，是一个简短的测量工具，用于评估倦怠维度以及对护理职责的社会和专业支持水平（这是一个重要的保护因素）。

人们通常何时才意识到自己陷入了倦怠？

鉴于个体间不同的情况，人们会在不同的时间点意识到自己陷入了倦怠。以下是一些最常见的情况：

- **重大失误**——由于疲惫、抽离感和脑雾（注意力和记忆力下降）影响到你的日常表现，以至于你犯下无法被忽视的错误。
- **身体崩溃**——一般出现在当有人因病请假或因医疗问题入院而无法工作的时候。在我治疗倦怠症患者时，我见到过短时间失去说话能力、非癫痫性发作、心悸、无法起身下床或遭受强烈的惊恐发作的情况。
- **过多的不健康应对行为**——当一个人情绪低落或身体疲惫时，他通常默认选择最快的方式分散注意力或让自己振作起来。这些行为可能让人感觉冲动，事后常常会让人后悔。随着时间的推移，他们会发现自己的生活方式与自己的核心价值观大相径庭。这种认识，或者对这种行为的强烈后悔，可以帮助人们意识到自己有多么倦怠，并最终驱使他们寻求帮助。我所指的典型不健康应对行为包括吃垃圾食品、冲动购物、忽略朋友和家人的信息、喝酒以及浪费大量时间浏览社交媒体。
- **为看似毫不相关的问题寻求心理治疗**——比如工作中的挫折或与朋友的争吵让他们感到沮丧，担心自己没有以习惯的方式应对看似微不足道的生活事件。通常，在几个月的缓慢燃烧的倦怠之后，一个相对较小的压力源会成为压垮骆驼的最后一根稻草。

- **同事或是家人指出问题**——同事或家人察觉到你不对劲。也许倦怠症患者已经犯了一些错误，忘记了一些非常重要的事情，或者习惯性地在深夜两点发送电子邮件。效率普遍下降是另一种可观察到的模式，朋友、家人和同事经常会注意到这一点。

通常，人们只有在日常功能受到无法忽视的影响时才会意识到自己的倦怠——脑海中紧绷的弦终于不堪重负。这可能会令人恐惧和困惑，尤其是对于那些在此之前一直以可靠、无论如何都能完成任务为自我认同的人来说。当我们对自我、世界或周围人的看法发生重大转变时，这种感觉是创伤性的。

倦怠的五个阶段

20世纪80年代，公共卫生与护理学院副教授罗伯特·维宁加（Robert Veninga）与城市人类学家詹姆斯·斯普拉德利（James Spradley）博士共同开发了一个五阶段模型,⊖该模型描述了工作满意度如何恶化为幻灭感，随后而来的便是压倒

⊖ 阶段模型可能会过度简化问题并暗示其由线性轨迹发展。这在倦怠的情况下尤其重要，因为它并不是一致的体验。然而，倦怠的所有方面都包含压力增加的因素，这个最常用的五阶段模型有助于描述这一点。

个人的身心困难。这一模型如今已成为描述压力如何演变为临床倦怠的常用框架。

第一阶段：蜜月期

在这一阶段，你对自己所从事的工作和所取得的成就大体上感到满意，并且你对任务充满精力。你可能对工作充满干劲和热情，但很难控制自己的节奏。尽管在这个阶段你不会感受到任何类似倦怠的痛苦，但若能够认识到这一点可以让你采取措施，防止自己进入下一阶段。

你可能处于这一阶段的迹象为：

- 对你参与的工作任务十分投入，感觉轻松且激动。
- 你的热情和内驱力，并非实效性，让你追求积极的结果。
- 你不再像往常一样关注其他生活事务，投身爱好或社交活动。
- 你的激情和兴奋让工作和生活的界限逐渐模糊。

第二阶段：压力来袭

随着现实需求的冲击，项目的吸引力开始减弱。此阶段常见的外部压力包括：事务繁忙；自主权被剥夺；感到被批评，自己的努力没有得到回报或受到了不公平的对待；感觉得不到社会支持。如果没有任何缓解压力的措施，你的身体就会产生压力反应，这意味着你的身体会发生生理变化（第二章将详细介绍这些变化)。进入下一阶段的人往往会忽视他们此时开始感受到的压力。

你可能处于这一阶段的迹象为:

- 在面对琐碎问题时(如被请求帮忙、人群走得太慢、某人讲述的故事过于冗长)变得易怒或失去耐心。
- 大脑开始高速运转,难以摆脱焦虑。
- 怀疑自己是否承担了太多责任,同时又感觉自己有责任心。
- 难以放松,你想要休息一会儿或睡觉,但很难做到。
- 忽视个人需求。
- 如果花一点时间来关注自己的身体(你可能并不经常这么做),你会注意到自身的紧张感和一种匆忙做决定的紧迫感。

第三阶段:慢性压力

如果你未能解决最初的压力,压力对身体的长期影响就会开始显现。你可能会开始注意到这种压力对身体造成的损害,但可能仍处于否认状态,不愿承认自己所感受到的压力。

你可能处于这一阶段的迹象为——你符合第二阶段的很多迹象,但除此之外还有:

- 对事物反应过度,表现为焦虑、烦躁或情绪低落。
- 出现过强的情绪反应,如恐慌、易怒或麻木。
- 身体出现压力迹象,如头疼、背痛、容易感冒、性欲下降。

- 认知出现压力迹象，如决策困难、专注力下降、注意力不集中。
- 开始从社交圈和兴趣爱好中脱离出来。
- 处理压力的方式让你感到不适，比如情绪化进食、无休止地浏览负面的新闻、过量饮酒、拖延、寻求安慰或冲动在线购物。
- 睡眠困难，导致失眠或早醒。
- 难以承认自己正处于极大的压力之下。

第四阶段：陷入倦怠

到这个阶段，你就已经进入了倦怠期。一开始你可能并没有意识到自己已经到了这里，因为尽管开始感到筋疲力尽，但你仍在继续工作。你开始回避做决定，但当你设法做出决定时，这些决定就不那么理性了（这包括关于自我照顾的决定，以防止进入倦怠的下一阶段）。你也更有可能将自己与他人进行不利的比较；以前你可能会受到你仰慕的人的鼓舞，但现在你对自己的能力缺乏信心，更有可能认同那些实际上不如你的人。

你可能处于这一阶段的迹象为——你符合第三阶段的很多迹象，但除此之外还有：

- 感觉精力枯竭，身心疲惫。
- 对之前感到热忱的工作或事情无感。
- 对他人、工作或可能出现的改变感到愤世嫉俗或怨恨。

- 对自己取得成果的能力感到无助或自我批判。
- 突然感到与周围发生的事情脱节，就像你只有一半在场，很难与他人或活动建立联系。
- 出现脑雾，导致犯错，例如错过约会、忘记回复邮件、从互联网上订购错误的商品等。
- 情绪低落，陷入困境；有时会有逃避现实的想法——希望发生一些意味着你终于可以休息一下的事情，比如生病或受伤，这样就没有人对你有任何期望。
- 日常过渡很棘手——要么是在它们之间匆忙切换，难以适应下一个要求；要么是难以启动下一个活动（比如洗完澡或晚饭后收拾卫生）。
- 可能会注意到自身体重的变化——要么是由于食欲不振而减轻，要么是由于皮质醇和较差的自我照顾的影响而增加。
- 这一切都让你感到孤独。

第五阶段：习惯性倦怠

倦怠模式进一步发展，变得更加严重。更多的痛苦迹象开始产生，你遭受的痛苦也更加强烈。你的身体开始加速释放信号，从在之前阶段发出的"安静"信号（疼痛和不适）升级为全力"大喊"，要求你缓下来、放慢速度（心悸、恍惚、麻木或沮丧）。这就好比原本紧绷的橡皮筋不仅失去了弹性，甚至已经断裂。

你可能处于这一阶段的迹象为——你符合第二、第三、第四阶段的所有迹象，但除此之外还有：

- 日常功能不如从前，其他人现在可能已经注意到你的情绪和认知功能的变化，或者你不断的"失误"。
- 压力所带来的身体信号已经无法忽视：疼痛、心悸、恍惚、恐慌症，难以开口说话。
- 不仅频繁感冒，而且每次恢复的时间也变得更长。
- 脑雾更加严重：忘记重要事项，难以集中注意力。
- 情绪低落，对好转或恢复感到绝望；甚至可能出现自杀念头。

将倦怠视为一个连续体而非简单的"有或无"的概念能够帮助我们更好地理解这一过程。在这个连续体的一端是较轻微的困难，可能并不会引起人们的充分注意。中间部分是压力开始引发问题的地方。而在最严重的另一端则是临床倦怠，它对你的身体、心理和情绪功能的影响是如此之大，以至于你无法完成日常任务。

在第五阶段中，很可能有某些事情打断了忙碌和工作的循环，并迫使人们停下脚步。这或许是治疗师的帮助、工作中被干预，或是请了一段时间的病假。不过，从这个阶段恢复过来需要时间——研究表明，如果病情严重，一个人平均需要一到三年的时间才能重返工作岗位，并感觉自己已经完全恢复了工作能力。所以，对神经系统重新调整所需的时间有一个现实的预期至关重要。进展是缓慢而稳定的。

像我这样的心理学家还担心那些长时间处于连续体中低端

（第二至第四阶段）的人。他们看上去似乎运作良好，但很可能掩盖了情绪和身体上的疲惫。他们的朋友、家人和同事可能没有注意到，他们自己也没有意识到这种程度的压力是不正常的。

如果倦怠得不到解决，无论处于连续体的哪个阶段，都会对你的生活质量和长期健康产生不利影响。一厢情愿地想逃离生活的压力，或对改变现状感到绝望，这些都表明需要做出一些改变。我们应该倾听这些信号，但遗憾的是，人们往往忽视了它们……

为什么我们会忽视压力的信号？

有很多压力使得我们难以倾听身体的压力信号并采取适当的行动，这些压力大致可分为两种类型：外在压力和内在压力。

外在压力：来自我们周围的环境或人

这包括我们生活中的各种需求，例如要支付的账单、季度目标、繁重的工作量、孩子永无止境的问题和愿望。通常，这些外在压力会慢慢增加，以至于我们要么无法察觉到压力的累积，要么感到无法应对它们，因为每个问题本身似乎都很小。例如，当我在英国国家医疗服务体系（NHS）担任治疗师时，压力的累积是这样的：我们会被要求填写一份新表格来记录错过的治疗，然后用结果指标更新第二个数据库，接着被告知我们必须开始自己处理行政事务，比如打印和发送信件等。在同一个部门工作六年后，我所在诊所的行政工作量几乎翻了一番。

我们工作环境中的外在压力具体包括：

- 时间压力，比如截止日期（项目完成时限、带孩子去课外活动）
- 与团队成员或家人发生冲突或分歧
- 高情绪劳动——需要照顾他人的负面情绪，如果没有得到适当的情感支持，这些情绪可能会传染给我们
- 过度工作（太多事情要做）
- 角色不明（不确定自己应该做什么，也不愿意冒犯他人）
- 对处境、资源和需求缺乏掌控
- 周围人所给予的过度批评
- 缺少积极的反馈或赏识
- 工作不稳定
- 复杂任务过多
- 经济担忧

在工作场所中，职业心理学家经常参与寻找解决这些外在压力的方案，这一点很重要，因为通常我们无法独自解决这些问题。然而，一些外部压力并不那么明显，因为它们来自于文化对我们的角色和期望的刻板观念，例如，女性被视为照顾者，男性被视为养家糊口的人。这些观念导致他人以某种方式

对待我们，或对我们提出难以拒绝的要求。它们还会导致我们对自己和应对压力的能力产生负面看法（第七章将对此进行更多介绍）。

内在压力：来自我们自身的情绪或想法

内在压力包括我们内心涌现的任何事物，激励我们在压力之下继续前行。它们与我们的生物和心理特质有关，例如性格特征、核心信念、对刺激的敏感度和气质。它们通常表现为：

- 情绪：如负罪感、焦虑和羞愧感
- 思想：如"我必须负责把事情做好""我做得还不够，还不配休息"
- 身体感觉：如肾上腺素飙升，对一切事情都感到紧迫、肌肉紧张、心跳加速、烦躁不安

神经质是一种与倦怠高度相关的人格特质。神经质得分高的人比得分低的人更容易担忧，并且会经历更强烈、更频繁的负面情绪。也就是说，这些人承受着巨大的内部压力。

在我的实践中，感到倦怠的人通常表现出下面三种内在压力模式：

- 完美主义——试图以牺牲自己福祉为代价让事情变得"恰到好处"
- 讨好他人——以自己的利益为代价，为他人的利益承担了太多责任

- 逃避负面情绪——认为自己需要避免负面情绪，因为觉得自己没有能力应对它们，所以会用忙碌和工作来逃避

本书中的虚构案例研究（阿尼卡、斯科特、苏拉杰和莎拉）都至少符合其中一种情况，尽管这些并非孤立的问题且可能同时发生。本书的第二部分将帮助阐明这些内在压力发展到如此强大的原因，而第三部分将提供克服这些压力的方法。

当你深陷倦怠时如何识别它

当你处于倦怠连续体的低端，或尚未发展到临床症状、停止工作时，很难察觉到自己的倦怠。而更重要的是，因为你完成了许多工作，你周围的人会从你的过度劳累行为中受益。因此，虽然他们并非故意操纵你，但他们可能不会有动力停下来反思你的某些行为中有着不健康的本质，也没有能力帮助你自己发现这一点。

斯科特的周三晚上——处在倦怠第四阶段的案例

斯科特在回家的路上停下来买牛奶。他女儿的板球练习超时了，所以天色已晚，但当他的手机响起时，他毫不犹豫地打开了一封工作邮件。他女儿坐在后座翻了个白眼。他怎么总是叫她放下手机，自己却一直盯着手机呢！

"祝贺您的新址落成"，他读着这封邮件。这是他几个月

来一直期待的消息，他为这个结果不知疲倦地工作。深夜撰写提案，焦虑地规划员工和调配资金，不断检查自己是否遗漏了什么……现在，一切努力都得到了回报。这封电子邮件证实：他做到了！

然而，他并没有为此感到兴奋或自豪。相反，他把手机放回口袋，发动了汽车引擎。他脑子里的待办事项清单瞬间爆满，全是明天他需要处理的新任务。不，如果他想把事情做好，今晚就必须完成。他已经筋疲力尽，但他会坚持下去。无论如何，他都会因为思考需要做的事情而无法入睡。现在他又有了新的担忧，这个新场地意味着他承担了超出自己能力范围的事情，也许他根本就无法胜任。

在他开车回家的路上，他慢慢意识到女儿正在跟他说话。他花了一段时间才重新集中注意力，听清女儿在说什么——关于板球练习的事？他努力想弄明白。哦，她担心周六的比赛。他觉得自己应该和女儿聊聊，但似乎找不到任何安慰她或真正感同身受的话。他相信女儿会没事的。

他的女儿等待着父亲的安慰，但意识到父亲又陷入了自己的思绪中。她看到父亲耷拉着肩膀，显得很疲惫。她想知道他在手机上看到了什么才变成这样。一定是坏消息。她知道当他这样的时候，最好不要打扰他，否则他只会生气。

斯科特的行为验证了马斯拉奇理论的三个维度。

身体与情绪上的疲倦

斯科特的女儿从他的肢体语言中感觉到他很累，尽管斯科特在想到待办事项清单时感到了片刻的沉重，但他已经与自己的身体脱节，无法在此刻完全感知到疲劳的信号。

脱离感

斯科特似乎对女儿的问题不感兴趣。这是同理心疲劳的表现。斯科特还发现自己很难专注于当下正在做的事情（带女儿打完板球开车回家），并且对那些让自己感觉良好的活动和周围的人都失去了兴趣。他可能身体在场，但他的思绪却在别处，所以他很难倾听或理解周围的事情。

个人成就感下降或感到无能为力

斯科特刚刚取得了一次重大的"胜利"，值得庆祝和欢呼，但他却对此毫无感觉。他已经筋疲力尽，工作过度，只能耸耸肩，继续工作，无法意识到这是一项多么了不起的成就。此外，他担心自己无法胜任这份工作，这在倦怠期非常常见。即使有相反的证据——比如斯科特的生意蒸蒸日上——他仍可能心存疑虑。

当你的行为变得狂热时，你没有精神空间去考虑自己的感受，也没有意识到自己与生活中的人是多么的疏离。斯科特最初热衷于一个项目，但随着项目的推进，压力逐渐增加。因为这通常是一个缓慢的过程，所以压力水平很难确定和量化。我们不会在某天早上醒来时发现自己精疲力竭——这是一种渐进的经历，这也是它很难被发现的另一个原因。

因此，我们面临的要求伴随着一定程度的压力。如果压力过大且得不到解决,压力就会开始变得"正常"。当我在社交媒体上发布有关压力迹象的帖子时,诸如"你只是在描述做妈妈的感觉"或"这就是现代生活"之类的评论就是明证。我们已经将过度压力正常化到无法再看到它。这些评论中还隐含着愤怒的意味,也许暗示着那种被困的感觉或习得性无助。这种情绪背后的想法是:"我有太多事情要做,压力很大,但我必须忍受,因为我是一位母亲/企业家/学者/医生,没有人能改变这种状况。"

这种心态是有害的。长期压力更是有毒的,会将我们推向倦怠的边缘。但这一切究竟是怎么发生的呢?压力究竟是在什么时刻不再只是"压力",而是演变成了一种更难以恢复的困境?

第二章
慢性压力如何导致倦怠

在阿尼卡因倦怠而停止工作之前,她的压力已经潜伏了相当长一段时间。当朋友们问她过得怎么样时,她总是用标准答案回答:"我很好。"她化着精致的妆容,掩盖着内心的极度压力。但事实上,她也不知道自己过得好不好。几个月来,她每天都忙于应付各种要求,神经紧张,最终导致严重的恐慌症发作。

不知不觉中,自从晋升至新职位以来,阿尼卡经历了倦怠发展的几个阶段:从第一阶段的蜜月期——对新角色充满热情和动力,逐渐过渡到了第二阶段的压力来袭,再到第三阶段的慢性压力积累。她陷入这种状态已经有一段时间了,压力导致头痛、轻微的胃部不适和背痛,但她没有解决这些问题,而是告诉自己这些都不是大问题。如果她能多加留意,就会意识到这是一种不健康的压力水平,而且她几乎永远都在依靠自主神经系统的一个特定部分——交感神经系统——来运作。然而，这并不是人类长期生活和行动的方式。

自主神经系统是人体的指挥中心，负责将信息从大脑传递到身体，反之亦然。它使你能够对周围的人和事做出适当的反应，而无须大脑的意识过程参与。因此，自主神经系统对于生存至关重要，当它察觉到麻烦的迹象时，会迅速对需求和威胁做出反应。

迷走神经——保持冷静和高效的关键

迷走神经是传递信息的重要部分：它是一束纤维，将脑干与身体的大多数器官（如心脏和肠道）以及周围部位（如面部肌肉、耳朵和颈部）连接起来。迷走神经负责我们对压力的反应。它通过脑干不断传递身体接收到的任何安全或危险信号。如果你在街上听到意想不到的撞击声而心跳加速，你会感到一阵恐惧，并试图理解这种感觉，比如："有什么不好的事情发生了吗？"这就是你的内感受在起作用——你能够感受和倾听身体的感觉。

大脑和身体之间 80% 的信息都是从身体传到大脑的，因此，当身体平静时，大脑会认为没有威胁。这不仅凸显了了解生理层面发生的事情的重要性，也点明了为什么针对身体的安全感对于缓解倦怠感如此重要。

我们感受到的情绪、行为、思想和身体反应取决于神经系统的哪个分支在当时处于控制状态。你可以把它们想象成汽车的挡位；我将其归类为不同的模式。

在绿灯模式下，我们处于中间挡位，平静地度过一天，感觉自己掌控着一切，不慌不忙，总体上感到满足和投入。像烤焦的面包和交通堵塞这样的小事情只会产生轻微的不便，我们很快就会恢复过来。

在黄灯模式下，我们面临的要求增加，我们的大脑和身体被迫切换到更高的挡位。这会让我们产生一种紧迫感，激发我们随时准备行动。在这种模式下，我们对烤焦的面包和交通堵塞这类琐事的容忍度降低；我们不仅会被这些烦恼激怒，而且这种焦躁情绪还会持续更长时间。在黄灯模式下，我们能够承受相当程度的压力；然而，我们天生就不适合长时间保持在一个高速挡位上，正如我们将在本章中发现的那样。

而在红灯模式下，我们的运行模式处于节能和关闭状态，此时我们的挡位降至空挡。我们可以短时间选择这种状态，而不会遇到长期问题。事实上，这可以让我们进行深度休息，对我们的健康有益，我们将在下一章中探讨这一点。

就像自动挡汽车一样，我们的自主神经系统应该根据需求在不同模式之间平稳切换。我们无法仅靠一个挡位行驶到任何地方，因此我们神经系统的每个部分都发挥着至关重要的作用，不应将任何一个部分妖魔化。但倦怠可能是困在黄灯或红灯模式（或在两者之间摇摆不定）之中，无法根据我们一天中不同的需要上下换挡。

好消息是，被卡住的神经系统可以恢复，但这个过程需要时间和耐心。我们无法在短短几天内就重新调整。

绿灯模式

理想情况下，我们应该大部分时间都处于绿灯模式，因为这样与身体整体健康有关的器官才能全力运作。我们可以正常消化食物，准确解读肢体语言或面部表情，并在入睡或休息时感到足够安全。

这种放松状态是由腹侧迷走神经回路实现的——它是副交感神经系统的一个分支，当我们没有受到威胁时，它会活跃起来（这是我们神经系统最近一次进化的部分，距今约2亿年）。它的进化使人类能够自由探索、充满好奇并乐于接受变化。最重要的是，它让我们能够建立对生存至关重要的社会联系，因为我们在小的团体中发展得最好。这被称为社会参与系统（第四章将对此进行详细介绍），它与催产素的释放有关，催产素使我们感到平静和满足。

当我们的身体想要回到更平静的绿灯模式以进行人际交往和休息时，它可以启动迷走神经制动器。这种制动器会减慢我们的心率，从而向我们身体其他系统传达危险消失的信息。某些活动可以通过对腹侧迷走神经聚集的身体部位进行积极刺激来促进这种制动机制，例如缓慢呼吸、瑜伽、唱歌、哼歌、大笑、听音乐或演奏音乐（我将在第五章中讲述启动迷走神经制动器的具体方法）。

绿灯模式不仅让我们感到平静，还能让我们清晰、理性地思考，最大限度地发挥我们的智商，因为在绿灯模式下，大脑

最活跃的部分是额叶,这是高级智能思维过程的所在地。因此,绿灯模式是以下情景的理想模式:

- 解决问题——找出潜在的解决方案并实施它们的逻辑步骤
- 语言交流——理解他人的话,同时能够高效地回复
- 集中注意力——持续关注一项任务
- 展望未来——反思当前状况,并采取策略来改善它(比如你需要做些什么来减少外部压力源)
- 创造性思维——连点成线,产出新想法
- 事件记忆——记住事件发生的顺序及其细节
- 开放、理性的交流——与身边的人进行有效沟通

当我们从绿灯模式切换到黄灯模式时,额叶的活动会减少,这会让我们很难参与涉及大脑的一些活动。不幸的是,这其中可能包括有助于应对超负荷任务的活动,例如写日记、时间管理规划和解决问题。事实上,当你没有激活足够的绿灯模式而尝试实施这些活动时,最终会增加你的压力体验,而不是减少它,因为你会因为"失败"而对自己感到沮丧并开始自我攻击(比如"其他人觉得写日记很容易,但我甚至不知道从哪里开始")。

黄灯模式

黄灯模式涵盖了当生活压力增加时,我们的身体、情绪和行为的自动反应。当神经系统发出信号表示需要更多的精力和

行动来应对这些压力时,迷走神经制动器就会松开,我们的心跳就会加速。此时,我们身体采取行动来应对感知到的威胁。在现代生活中,这些威胁可能是交通堵塞或老板发来的充满怒火的电子邮件。

在黄灯模式下,交感神经系统占据主导地位。它比副交感神经系统的腹侧迷走神经分支(负责绿色模式)要古老得多。交感神经形成于 4 亿年前,是我们的祖先为了应对当时面临的不断变化的需求而发展起来的,比如掠食者的威胁、被部落排斥的可能性以及食物匮乏的漫长而艰难的冬天。黄灯模式促使我们采取行动来保持安全,例如通过维持社会联系来获得支持,并为冬天收集足够的食物。与普遍看法相反,交感神经并非只为应对眼前威胁而设计,它还能帮助我们满足长期需求。我们在玩耍时会利用大脑的这种能量——当我们为了乐趣而做某事,或者当我们努力应对挑战和目标时,比如升职或创造个人最佳跑步成绩,我们就会获得这种能量。在这些活动中,我们的交感神经系统会以积极的方式活跃起来,这被称为良性压力,多巴胺会给我们带来愉悦的兴奋,让我们感到动力十足。因为这种感觉非常好,我们就会受到激励去寻求更多的这种感觉,有时甚至会表现出一定的成瘾性,以牺牲绿灯模式下的休息时间为代价。例如,当我在兽医急诊室谈论压力管理时,工作人员提出了他们的困惑:虽然他们希望减轻压力,但与没有太多事情要做、工作节奏较慢的诊所相比,他们更喜欢在有多个紧急情况需要处理的日子里四处奔波。这是因为我们的神经系统会向我们注入足够的积极激素,如多巴胺,让我们保持活力。与绿色模式下的催产素相比，这会带来"更大声"、更刺激的体验，这就是为什么我们很容易优先考虑那些更刺激的黄灯活动。因此，我们需要创造合适的环境，让我们能够放慢脚步，进入绿灯模式。

基于这个理念，我与兽医团队合作，想出让他们可以在工作中做到这一点的方法，包括设立安抚站和相互签到，以及在较安静的诊所中专注于更温和的活动。我将在第十一章中讲述如何创造这些平静的环境。

心流

我们可以在不感到焦虑以及不愉快压力的状态下进入处于警觉的黄灯模式。这就是兴奋和激情的来源，正如我们之前提到的，这意味着压力在一定程度上对我们是有益的，正如耶克斯-多德森定律压力曲线所示：

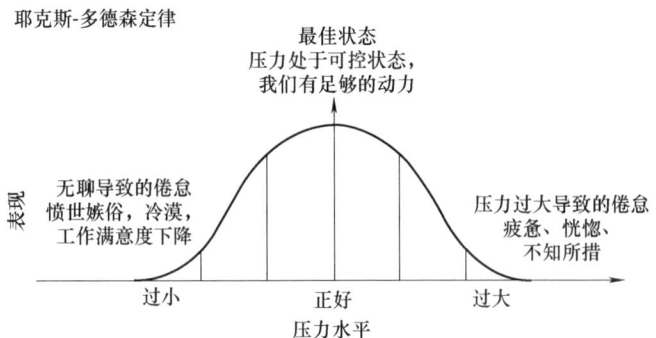

第二章 慢性压力如何导致倦怠

"如果你想做成某事，就问一个忙碌的人"这句俗语得到了这条压力曲线的支持：当我们处于不受威胁、精力充沛的黄灯模式时，我们的动力和产出达到顶峰。但如果压力过大，压力的负面影响就会开始超过正面影响，导致第一章提到的狂热疲惫的倦怠模式。

有趣的是，"心流"状态（持续、深度专注于某项活动的回报体验）位于这条曲线的顶端。你可以通过任何你觉得有趣且令人愉快的挑战性活动进入心流，比如演奏乐器、玩游戏、阅读、写作等。

关于心流状态和倦怠状态的研究结果众说纷纭，但通常情况下，心流的积极体验可以缓冲压力的负面影响，因为这种活动令人愉快、符合个人价值观并且令人兴奋。然而，这种状态可能过于积极，以至于让人欲罢不能，甚至上瘾，导致人们忽视生活的其他方面——比如人际关系、兴趣爱好和休息时间——最终导致这些方面的恶化。例如，伴侣可能会因为你从未抽出时间陪伴而结束这段关系。当压力超出你的心流舒适区时，你就没有缓冲的余地了，以至于更容易导致脆弱和倦怠。

那么，未被重视的倦怠模式又会如何呢？它与压力曲线如何匹配呢？这种模式与位于压力曲线起点的无聊有关。研究表明，无聊是人类极为厌恶的情绪。2014年，弗吉尼亚大学心理学教授蒂莫西·威尔逊（Timothy Wilson）及其同事进行了一项实验，要求参与者在一间没有装饰的房间里独自呆15分钟，什么也不做，但可以选择按下按钮让自己受到电击。实验结果显示，67%的男性和25%的女性会选择电击，而不是什么都不做。这表明我们强烈渴望以一种刺激的方式忙碌起来。这也有助于我们理解为什么会错过深度休息的机会，因为我们很难忍受较慢的节奏。休息时产生的无聊感会促使我们再次寻找刺激。

保护模式

当交感神经系统做出反应保护我们时，我们会产生急性应激反应。我们的身体会在我们意识到之前扫描并感知威胁，这一过程被称为神经感知。这些威胁既来自我们周围的物理环境，也来自我们体内，类似于内部烟雾报警器始终在背景中扫描烟雾迹象。这包括身体器官内部的细微变化，例如肠道或心率的变化，对此我们很难有所感知。

当感知到威胁时，肾上腺会释放应激激素皮质醇和肾上腺素，身体的每个器官都会接收到这些激素，从而立即加速运转，这样我们就可以快速行动。我们的心脏加速运转，将血液输送到大肌肉群，随时准备奔跑或战斗；我们的呼吸变得急促，以有效地为所有血液供氧；血液从非必要功能（如消化食物）转移，为与生存有关的身体部位提供额外支持。这些器官进入生存模式的生理变化被称为异质反应。

与此同时，大脑也发生了变化：血流从额叶转移到威胁反应中心（杏仁核）。这导致我们的注意力范围变窄，思维变得以威胁为中心，从而产生"假设性"的担忧和灾难化的想象（设想最坏的情况），所有这些都使我们能够先发制人，为潜在问题做好准备。黄灯模式下的另一种反应是愤怒,这让我们产生了一种自我防御的冲动。愤怒可能表现为全面的愤怒,但它更经常以社会可接受的挫败感和恼怒的形式出现。我们称这些为"战斗或逃跑"反应。

身体的急性应激反应是为了激活我们,让我们快速到达安全地带(逃离捕食者),然后释放不再需要的多余的肾上腺素和氧气,从而快速恢复到绿灯模式。肌肉的运动或颤动会支持这一释放过程。这会结束保护性应激反应,此时我们的其他重要身体功能可以恢复,例如消化、休息能力以及重新融入社会群体,从而使我们能够维持安全网。

积极的压力

短暂的压力爆发会产生有益的内部后果,所有这些都是为了让我们尽可能有效地度过这一时刻:

- 免疫力增强:身体对可能受伤做了充足准备,伤口会快速愈合,机体能免于疾病感染。
- 更敏锐的认知能力:神经营养因子为我们提供了保护——神经营养因子是一种强化大脑神经的蛋白质,能缩小注意力范围,使我们能够专注于手头的任务。
- 完成工作的动力大幅增加。
- 身体力量得到提高:肌肉得到肾上腺素的加持,尤其对运动员有益。

现代生活让你保持黄灯模式的五种方式

一、现代生活极大地刺激了我们的感官,而我们尚未完全适应这种刺激。这意味着,即使我们没有处于保护模式,交感神经系统也可能因为嘈杂的购物中心、屏幕过载以及过多的选择(如健康应用、电视节目等形式)而一直处于"开启"状态。

二、科技让我们很难摆脱"做"和"实现"的束缚。很多人在休息的时候会同时做多项任务——一边看电视一边在网上购物,一边等水壶烧开一边回复短信等。这些看似无害的活动,却阻碍了神经系统从紧张状态中恢复过来。

三、我们没有足够的机会参与那些有助于我们释放压力激素的活动以便我们能够恢复正常状态。这些活动包括体育锻炼、玩耍、与他人互动(聊天和大笑)、有节奏的呼吸和创造性活动。

四、由于选择多样性和易于冲动行事,我们倾向于从一项活动匆忙切换到另一项活动。这些需求几乎从未停止,导致我们的交感神经系统始终处于在线状态,干扰了我们其他重要的"绿灯模式"功能,导致睡眠困难、消化问题以及社交孤立或孤独感。

五、错失恐惧症(fear of missing out, FOMO)来自于当我们看到社交圈中的人在没有我们的情况下进行活动时被激活的威胁反应。我们的大脑会担心被群体抛弃,而对我们的祖先来说,被部落驱逐意味着死亡。不幸的是,如今社

第二章 慢性压力如何导致倦怠

> 交媒体不断向我们展示他人正在做的所有（据说）了不起的事情，我的来访者经常说他们有害怕错过的感觉，这导致他们对更多的社交活动说"是"。我们似乎无法避免这种现象。

有害的压力

慢性压力不仅仅是短期压力的长期版本。如果压力激素释放时间过长，就会发生生理和心理变化。

当我们的适应性反应（身体系统为应对威胁而做出的改变）持续处于"开启"状态时，就会产生一种被称为适应性负荷的累积。这不仅会导致身体超负荷，而且如果缺少恢复时间，系统就会变得疲惫或过于敏感。这会导致嗜睡、反应迟钝（如走神）和情绪表达能力下降（如冷漠）——这些都是倦怠症的常见症状。

在黄灯模式下，身体会快速消耗能量，当能量耗尽时，身体会要求快速补充能量储备。因此，对高碳水化合物食物的渴望开始出现，因为这是身体获取更多卡路里的最快方式。如果这种膳食模式持续太久，尤其是如果缺乏均衡膳食中的营养，那么身体就无法获取从超负荷中恢复所需的基本营养物质。所有这些都开始对我们造成损害。

有毒压力如何造成损害

- **在大脑层面**：我们一生中维持认知能力的关键在于能够生长新的脑细胞，但当压力激素过多时，新脑细胞的生长就会中断。这种中断会影响与执行功能相关的额叶区域，包括情绪调节、语言能力、行为的适当管理、记忆以及我们的视觉能力。所有这些都会对我们做出合理决策和规划的能力产生连锁反应。

  大脑中另一个受有毒压力影响的区域是威胁反应区，即杏仁核，它会变得更加敏感。这意味着我们更容易将任何模糊信息误判为危险信息，我们的注意力会分散，因为大脑无法确定应该将注意力集中在何处。一切似乎都是紧急情况，我们会产生急于求成的冲动。这会导致脑雾、难以保持专注以及记忆力下降。由于这些原因，我们的功能性智商可能会下降多达 20 分。

- **在身体层面**：在短期压力下，免疫力会暂时提高，帮助我们在危机时刻抵抗感染，但高适应性负荷会导致免疫力下降，因为器官的过度损耗以及皮质醇过量，从而引发炎症。这就是为什么我们此时更容易受到细菌和病毒的侵害。

  伤口需要更长的时间才能愈合，我们不仅更容易患病，而且需要更长的时间才能康复。头痛和关节痛是与倦怠相关的最常见的身体体验，尤其是在背部和肩膀等大肌肉群中，我们往往会让这些部位保持紧张。我们还可能出现肠胃问题，如肠易激综合征。消化系统处于应激状态（黄灯模式），通过将血液从肠道转移到更大的肌肉群（如手臂和腿部）以应对随时可能发生的奔跑或战斗。随着时间的推移，这会导致营养吸收减少，因为消化系统无法正常运作。

不幸的是，这种压力的最终结果有时甚至是致命的，它会影响心血管系统，导致血压和心率升高。这种影响在短期内可能不明显，但长期来看可能会引发中风和心脏病等严重疾病。

- **在睡眠层面**：当我们感到安全时（即处于绿灯模式），入睡会很容易，但如果我们的祖先在受到威胁时能够进入七到八个小时的无意识睡眠状态，那他们可能就是在拿生命冒险。这就是为什么我们的身体在压力很大时难以关机休息，也是为什么这么多有慢性压力的人难以入睡或保持睡眠，或只能获得低质量的浅睡眠的原因。

如果得不到充分的休息，身体的自我修复能力就会下降。大脑和身体无法在深度睡眠中进行毒素清除，也无法在梦中减少记忆中的情绪负荷，因此，我们会把这些情绪体验带到第二天，而无法获得睡眠带来的全新视角。

我们都知道，仅仅一晚睡眠不好就会让人疲惫不堪、脾气暴躁、不知所措。如果这些恢复性睡眠功能一直得不到满足，我们的储备就会不断耗尽。随着时间的推移，这会进一步影响我们集中注意力和做出决策的能力。

- **在情绪层面**：情绪在任何情况下都会传达我们的需求。它们与行为模式紧密相连，帮助我们保持安全。我们拥有大量的情绪，我们将在第十章中讨论这些情绪，但当我们处于黄灯模式时，情绪的整个范围会缩小，我们能感受到的情绪主要是愤怒（从轻微的沮丧或不安到暴怒）和焦虑（从期待到恐慌)。悲伤和快乐是绿灯模式的情绪。只有当我们感到足够安全时,我们才能感受到它们。它们使我们能够表现出人类关系所必需的同情心和同理心,也使我们能够对自己产生同情,并让他人来支持自己。

随着时间的推移,由于无法接触到其他情绪,加上愤怒和/或焦虑情绪的过重表达,我们会经历情绪疲劳、无助感和无力感。这解释了为什么有些倦怠的人会变得非常愤世嫉俗,甚至似乎想要放弃。

- **在行为层面**:最后,这种对大脑、身体、睡眠和情绪的负面影响可能会导致我们采取一些快速解决问题的行为。这时,我们关于健康饮食、充足睡眠和锻炼的良好意愿和习惯可能会瓦解。我们会通过方便食品来快速补充能量,通过浏览网页来获得快速的多巴胺刺激,或者依赖酒精带来的快速镇静效果。

一天结束后用酒精放松

为什么我们在漫长的一天结束后,常常会选择来一杯酒?了解为什么我们在有害压力期会觉得酒精如此吸引人是有帮助的。

酒精的一个关键作用是增强 γ-氨基丁酸(GABA),这是一种负责抑制我们反应的神经递质。换句话说,GABA 会减缓我们的思维和反应。当思绪以每小时 100 英里的速度飞驰时,这种镇静效果正是我们渴望的。因此,寻求最快(通常被社会所接受的)的方式来获得这种镇静也就不足为奇了。

那么，如果酒精能让我们放松并具有镇静效果，为什么我们不能用它来帮助自己快速入睡或渡过难关，以此解决倦怠的问题呢？答案是，随着时间推移，我们对酒精的镇静效果会产生耐受性，从而饮用更多的酒来达到同样的镇静效果。2016 年，精神病学教授古斯塔沃·安加里塔（Gustavo Angarita）及其团队对失眠和酒精（及其他物质）之间的关系进行了全面的睡眠研究。他们发现，大量饮酒通常会使人更难入睡，并减少总睡眠时间和深度（恢复性）睡眠阶段（包括快速眼动睡眠）的持续时间。

如果饮酒对你而言已经产生了较大的问题，你需要专业的帮助来戒酒和恢复。如果你读到这段文字，并意识到冰箱里的那瓶酒消耗得比以前更快，但你认为自己对其并没有产生依赖，那么现在是时候采取一些积极的措施来改善这一情况了。

尝试这样做：

- 把所有的酒都放于视线之外（放到库房或是上锁的橱柜里），这样就不容易伸手去拿。
- 选择无酒精的替代品。
- 翻阅本书的第十四章，寻找其他替代性的方法帮助你正常入眠。

恶性循环

作用于身体、思维、睡眠和情绪的这些负面影响都会自我延续，形成恶性循环，将我们困在倦怠之中。

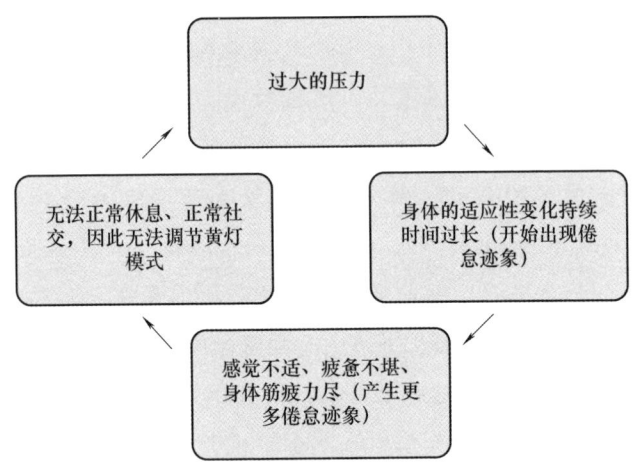

这种恶性循环只会持续一段时间,直到你的神经系统进入另一个状态:创伤反应。

长期慢性压力如何引发创伤反应

创伤不同于创伤后应激障碍(PTSD)。PTSD 是一种心理健康诊断:当某人出现特定症状时,例如惊吓反射增强,以及被称为"创伤重现"(如噩梦或闪回)的可怕经历。被诊断为 PTSD 的个体通常亲身经历或目睹了某个恐怖事件。

创伤一词指的是一系列更广泛的经历,接受过创伤训练的治疗师往往会区分 PTSD 中所涉及的触发事件类型(我们称之为大创伤)和小创伤(虽然不会危及生命但仍会产生重大影响）。我在实践中见过的一些小创伤包括被重要的人拒绝，以及被羞辱或欺负——可能是老师或导师、父母、学校同学所为。

加拿大著名医生兼作家加博·马特（Gabor Maté）认为，创伤并非发生在你身上的事情，而是"由于发生在你身上的事情而导致你内心发生的变化"。即使是小创伤也会导致长期的神经系统反应，尤其是当类似的小创伤不断积累时，例如被反复忽视、批评、设定不切实际的目标、欺负等。

在倦怠的情况下，你生命早期的小创伤会滋生我在第一章中提到的内部压力，即完美主义、取悦他人或用忙碌来分散自己对负面情绪的注意力。虽然你可能是为了应对那些让你感到羞辱或被拒绝的事件而养成这些行为习惯的，最初是为了保护自己，但现在它们可能对你不利。取悦他人可能是阻止你安排工作的内部压力。追求完美和用忙碌来分散注意力可能是不断将你推向极限并使你陷入倦怠的原因。

但要注意的是，小创伤并不只出现在生命早期。它们也可以在成年后逐渐积累，并最终导致倦怠，比如实习医生在同事面前被她的导师羞辱，在家里"随叫随到"以应对持续打来的紧急电话；无法妥善回应的无休止的电子邮件；为了满足更多客户的需求而不得不偷工减料；以及总是感觉工作量过大，难以完成。

以下是倦怠中常见的适应性反应，以及身体和大脑产生这些反应的原因。

战胜倦怠
在身心透支之前,掌控你的神经系统

你可能注意到的内在反应 (适应性反应)	发生的原因
关于已发生事情的想法或画面不断侵扰日常生活(被称为侵入性思维),例如脑海中不断重演对话或已发送的信息	大脑试图充分理解这些经历,以确保类似情况不再发生
时刻保持警觉,害怕坏事发生	大脑预先思考接下来可能出现的问题,试图防患于未然
身体感到紧张,无法放松	身体时刻关注着潜在的危险信号,准备快速做出反应
情绪淡漠(情绪分离或恍惚)	身体从强烈情绪中抽离,因为无法有效处理这些情绪,它们带来的痛苦过于沉重
避开那些给你带来过度要求的事情(比如避免打开电子邮件,不回复信息,避免社交)	大脑减少再次感受到攻击的可能性,避免无助感的产生
迫切地讨好他人(做别人要求的事,优先满足他人的需求,对任何要求从不拒绝)	大脑努力避免更多的批评、拒绝,不想让他人生气
迫切地证明自己(对成就的过度渴望,完美主义行为)	大脑试图通过努力避免感到低人一等或被拒绝的感受

到目前为止,我们已经研究了倦怠的生理和心理问题的根源:

1. 长期压力导致的过度适应性负荷
2. 难以通过恢复性的方式得到休息和补充能量
3. 一种可以理解的适应性神经系统反应,用于应对生活中的需求和小创伤但是，导致倦怠的外部压力还有四种与创伤重叠的方式：

1. 需求未被满足
2. 个人边界被侵犯
3. 社会支持不足
4. 感到被困住

让我们逐一探讨这些方面。

需求未被满足

创伤是指一个人在短时间承受过多、长时间承受过多或者长时间处于匮乏状态时所经历的情况。
——佩格·杜罗斯（Peg Duros）和迪伊·克劳利（Dee Crowley）"身体也参与治疗"（The Body Comes to Therapy Too）

我们已经探讨过"过多"和"长时间"（不可避免的压力），因此这一定义邀请我们去探讨"长时间处于匮乏"，即人类神经系统未得到满足的需求。当我们的核心需求得不到满足时，我们的神经系统会做出反应，就像受到威胁一样。这被称为"忽略性创伤"。这种类型的创伤更难被发现，因为并非某个时刻发生了某件事，而是一种长期缺失或被剥夺了那些对人类福祉至关重要的经历。

在著作《对权力威胁意义框架的直白介绍》（*A Straight Talking Introduction to The Power Threat Meaning Framework*）一书中，心理学家和人类痛苦研究领域的领军人物玛丽·博伊尔

（Mary Boyle）和露西·约翰斯通（Lucy Johnstone）将人类的核心需求总结如下：

- 在最初的亲密关系中感到安全、被重视和被关爱
- 在家庭、友谊或社交群体中拥有安全感和归属感
- 在我们所处的物理环境中感到安全无虞
- 建立亲密的人际关系和伴侣关系
- 体验并管理各种各样的情绪
- 在我们的家庭及社会角色中感受到自身的价值以及影响力
- 掌控我们生活中的重要部分，包括我们的身体和情绪
- 满足我们自己以及受我们抚养之人的基本物质和生理需求
- 对我们所处的境况能感受到一定程度的公正公平
- 与自然界建立联系
- 参与有意义的活动，并且总体而言，在生活中拥有希望、意义以及目标感

一个著名的相关模型是马斯洛的需求层次理论，该理论将诸如生理需求（食物、水和安全保障）这类基本生存需求置于底层，而在这些需求得到满足之后，归属需求和自尊需求才会依次出现。

当我们各个层面的需求都得到满足时，我们会感到圆满和惬意。但该理论假定，除非较低层次的需求得到充分满足，否则我们无法专注于更高层次的需求。然而，人类已经想出了一些"跳过"这些层次的办法，越过未被满足需求的障碍，试图在金字塔的更高层次上寻求满足感，这会借助一些能暂时缓

解痛苦并掩盖困扰的手段，比如情绪化进食、让自己忙起来以分散注意力、过度追求成就等。当然，这样做的难点在于，这些做法往往与我们内心真正想要的东西不一致，并且可能会加剧倦怠感。

许多人可能意识不到自己当下的基本需求满足得有多差，或者满足得多么勉强，也意识不到过去这些基本需求的满足情况。而且，人们常常会误判这种未满足需求对人类产生的负面影响有多大。

个人边界被侵犯

倦怠排山倒海般袭来，而个人边界才是解药。

——内德拉·格洛佛·塔瓦布（Nedra Glover Tawwab），
心理学家、社会工作者

创伤的第二个特征是对个人边界的侵犯。边界是一堵想象出来的墙，它将你和他人分隔开来，让你能够感到安全并且拥有掌控感。在这堵边界墙之内，你可以守护对你而言重要的事物，比如你的价值观、时间、身体以及观点。

当有人未经你许可越过你的边界时，这会触发你的"警戒模式"，尤其是引发愤怒或厌恶情绪——这是一种情绪反应，旨在告诉你这种行为是不妥的！如果这种情况反复发生，或者你感觉无力维护自己的边界所在，那么这可能就会成为一种创伤性体验，特别是在你无法从那种情境中脱身的情况下。

边界遭到侵犯并造成创伤的例子包括心理侵犯或性侵犯

（对身体的侵犯）以及情感虐待——对情感边界的侵犯，比如情感勒索（当你因自己的观点或价值观而被弄得感觉很糟糕时）、霸凌或者不断贬损某人的自我价值。

在倦怠的情形下，通常至少会存在这类边界被侵犯的情况之一：

- **个人时间边界被侵犯**：被要求在工作时间之外查看电子邮件，工作时长超出应有的时长，没办法安心去吃午餐或者享用咖啡休息时间。

- **情感边界被侵犯**：因坚持正常工作时间而感到内疚，拒绝加班，或因为停下来休息一会儿就有负罪感，觉得自己很懒。像"体恤假"之类的政策通常在遇到令人心烦的生活事件后只允许请三到五天带薪假，如需再多请假就得由管理者酌情决定了。然而实际情况是，在很多重大生活事件发生时，三到五天的时间仅仅够你应对最初的震惊情绪，所以如果期望你在这段时间结束后就能准备好投入工作，这其实是对个人情感的一种忽视。

- **道德边界被侵犯**：被要求去做与自己价值观不符的事情，并且感觉自己别无选择。例如，教师被要求接收过多的学生或者要处理大量文书工作，以至于无法有效教学；又比如护士因为有更紧急的突发状况，而没办法回应痛苦患者的请求。这在 NHS 中一直是个大问题，尤其是在新冠疫情期间，当时很多艰难的决策都要迅速做出，而这些决策往往违背了医护人员所受的培训内容以及他们的道德价值观。

社会支持不足

> 创伤并非是发生在我们身上的事情,而是在缺乏共情见证者的情况下,我们内心所承载的东西。
>
> ——彼得·莱文(Peter Levine),心理学家、作家

倦怠与创伤相互重叠的第三种情况是他人对相关状况缺乏支持或理解。研究表明,像国家灾难这类重大创伤性事件,其引发创伤后应激障碍(PTSD)的概率往往低于那些没有目击者或者盛行受害者有罪论(比如认为"是他们咎由自取")的情况。这种受害者有罪论会让人产生羞耻感,阻碍对事件进行言语层面的梳理,还会导致人们回避可能获得的支持。

这一观点如何适用于倦怠呢?忙碌、压力以及生活在不堪重负的状态中已经变得如此被人们所接受,乃至成为常态,许多人担心如果自己抱怨就会给别人添麻烦,或者认为要是自己提出急需休息的要求就是软弱的表现。我们会因为人类最基本的休息需求而在细微之处遭到无形的羞辱。以下是一些例子:当我们在轮班实际结束的时间准时下班,而不是继续加班时,旁人会投来异样的目光;还有一些打趣的话会让我们觉得事情本就该如此,比如"欢迎来到为人父母的世界(意思是为人父母就是得辛苦劳累,别想着休息)""睡觉就是偷懒"之类的话。

这些情况会慢慢消磨我们的意志,让我们难以坚守自己的边界,也降低了我们寻求帮助的可能性。它们阻碍我们留意压力的信号,让我们意识不到自己有权获得更多帮助。例如,我

最近在本地一个育儿类的脸书群组里看到一则求助帖，发帖的家长显然已经不堪重负、压力巨大。回帖的评论全都是"我懂你""当蹒跚学步的小孩的妈可太难了"之类的话语；没有一个人能够提出改变的办法或者提供去哪里寻求支持的建议，这表明习得性无助可能不仅存在于个体身上，还会成为一种群体心态。

我们可以更进一步，将这种情况视为一种"煤气灯效应"。我们知道，既全职工作，又要当完美的、无微不至的家长，同时每周去健身房三次，每晚还能吃上新鲜烹制的饭菜，这是不可能做到的。但我们从周围世界接收到的信息（再加上营销手段和社交媒体的推波助澜）却让这一切看似皆有可能。于是，我们开始怀疑自己的感受，并相信是自己出了问题，因为我们应对起来很吃力。

习得性无助

20世纪60年代，美国心理学家兼教育家马丁·塞利格曼（Martin Seligman）及其同事开展了一项著名的实验。在该实验的第一部分，单只的狗被固定在穿梭箱内，它们会遭受电击。A组的狗能够通过按压操纵杆来躲避电击；然而，B组的狗所遭受的电击是随机停止和开始的，这意味着这些狗无法掌控自己所处的不利处境。

在实验的第二部分，这些狗被引入一个新的穿梭箱中，在那里它们可以通过跳过一个低矮的隔板进入另一个区域以躲避电击。A组的狗很快就学会了跳到安全区域，但B组的狗却没有。它们躺下来哀号，直接放弃了，并没有意识到自己此时已经能够对所处状况有所掌控了。这种放弃行为后来被称为"习得性无助"。

通过干预可以改变 B 组狗的反应：如果研究人员把它们抱起来，并开始挪动它们的腿，那么它们就能学会如何靠自己到达安全区域。不过，这种干预措施必须至少重复两次，它们才能意识到自己此时对所处状况已经有了一定的掌控力。其他方法，比如视觉演示、威胁以及奖励等，都没能克服这种习得性无助。这些狗需要通过身体运动才能行动起来。

从倦怠的角度来看，这项实验带给我们的启示是：如果你感到无助，这并非你的过错，因为你此前很可能几乎没什么机会去掌控自己所处的不利处境。然而，身体力行以及专注于你能够掌控的处境，是可以打破这种模式的。但你不能指望只做一次就能解决问题，你需要不断重复这些有益的做法。当人们了解自身以及神经科学知识时，就更有可能坚持那些能让自己感觉更好的行为，这也是本书第一部分聚焦于此的原因，而后续章节则更具实用性。

感到被困住

创伤的根源在于无法移动，也就是静止反应……创伤的特点就是被困住（无法摆脱）。

——贝塞尔·范德考克（Bessel van der Kolk），
荷兰精神病学家、作家

想象一下，你正在练习打网球，用一台网球发球机为你发球。当球以合适的速度飞过来时，你能够把球击回并准备好迎接下一个球。但如果发球速度太快，你就会变得手忙脚乱，不得不匆忙去接每一个球。现在再想象一下，在第一台发球机旁边又放置了一台发球机……这正是现实生活常见的场景，来自家庭和工作的多重要求纷至沓来。当这么多"球"朝你飞过来，而你又无处可逃时，最终的冲动就是把自己蜷缩成一团，以尽量减少被击中的冲击。

当外部压力大到让人无法逃避，或者已经侵蚀了我们的边界，并且把任何社会支持都排挤掉的时候，我们能向何处寻求帮助呢？在一种无法逃脱的情境中，当我们的神经系统的第一道防线——"战斗或逃跑"反应持续了太长时间却没有成功时，你的身体会采取下一个最佳策略来保证安全："僵住""讨好"，或者作为最后的挣扎，完全关闭身体机能，这被称为"瘫倒"。这三种反应是神经系统陷入创伤反应的标志。它还可能导致一种被称为"习得性无助"的现象：一种"尝试又有什么用呢？"的心态和放弃行为。

被捕食动物处于"瘫倒"状态时，可能会停止呼吸长达一分钟之久，看上去就像没了生命一样。在面临危险时，这或许看似是一种奇怪的反应，但在面对捕食者、明显已无力抵抗之时，这却是避免受伤或死亡的最佳办法。没有了追逐带来的刺激来激活捕食者的交感神经系统，捕食者就会失去兴趣，可能还会转移注意力，这样一来，被捕食动物就能恢复生机，逃到安全的地方去。

第二章 慢性压力如何导致倦怠

在人类身上,"瘫倒"反应可能涉及恍惚状态,其较轻微的表现形式就是做白日梦或者走神,这时你看上去就好像没在听别人说话或者没有集中注意力一样。这种情况通常还伴随着身体的沉重感,仿佛做任何事都很费劲,而且在情感上也会与朋友、家人以及个人爱好疏离(或者没那么在意了),就好像你只是在按自动驾驶模式例行公事一样。这些都是人们所熟知的倦怠的迹象。

这就是红灯模式。此时此刻,你的神经系统正在发生什么呢?它与黄灯模式有何不同,又为何会让你感觉如此被困住呢?要回答这些问题,我们需要了解一下神经系统中最古老的部分。让我们进入下一章吧。

第三章
红灯模式：为什么倦怠让我们崩溃

斯科特白手起家创立了自己的企业，他觉得自己哪怕一分一秒都无法放下任何一个运转环节。他很难相信有人能按他所期望的高标准完成各项任务。因此，他一人身兼数职（营销员、会计、技术员、首席执行官），这意味着他的任务清单永远没有尽头。尽管他最近谈成了一笔交易，但这单业务已筹备了近一年。所以，即便在外界看来这似乎是一个成功的标志，但他心里清楚，自己的创造力和产出已大幅下滑。这让他很不安，更糟糕的是，这激起了他内心强烈的自我批评声："你没用，你是个冒牌货，你不配休息……"他原以为自己当老板就能获得自由，结果却发现，面对如此的不确定性和压力，他并非那个自己所需要的体贴的老板。由于找不到人给予实际或精神上的支持，斯科特感觉自己被困住了。

到目前为止，我们一直在绿灯模式和黄灯模式之间切换。

处于放松的绿灯模式时，副交感神经系统的腹侧迷走神经部分起主导作用；而在充满活力的黄灯模式下，交感神经系统占据主导。第三种也是最后一种状态是红灯模式，此时背侧迷走神经发挥主导作用。为了理解这一神经系统分支的功能，想象一下乌龟在感到威胁时缩进壳里，一动不动地藏起来，直到威胁过去。尽管我们的神经系统已经进化出了新的应对威胁的方式，但在我们的应对机制中，仍然保留着这种最初的、更为原始的反应。

上文提到，斯科特感觉自己被困住了。一年多来，为了巩固自己的事业，他一人承担着四个人的工作量。他疲惫不堪，且看不到尽头。没有人能告诉他应该休假，也无人可求助。而且，因为害怕被视为软弱，他也不愿意向朋友或家人倾诉自己的重压。神经科学研究表明，当我们面临持续的外部压力，又无法逃脱时，我们的神经系统会采取下一个最佳可行措施，即背侧迷走神经抑制：进入红灯模式。

未受威胁时的红灯模式

要知道，神经系统的这三个分支既能独立运作，也能协同发挥作用，这一点至关重要。也就是说，两种模式可以同时在线，这种情况被称为混合状态。

当绿灯和红灯模式同时启动时，会出现一种深度恢复性的休息状态。一天的休憩或一夜深眠，就能让我们充分获得这种恢复，使细胞有机会修复日常损耗，消化系统能回归健康模式，肌肉也能释放累积的紧张感。

当然，我们可以以一种更具社交性的方式休息，当绿色模式占主导时就会出现这种情况，比如和朋友出去玩。这可能会让我们感到有归属感并得到安抚，但无法提供同等程度的身体恢复。来自红色和绿色模式混合的深度休息，更多是一种内在的、独处的活动。我们选择暂时摆脱生活压力和社交圈子，以一种舒适且安心的方式；我们安静下来，身体那些非必要的运转机能便能得到彻底的休息。

以下是我的来访者描述的一些自己更容易进入深度恢复性休息状态的情形。看看其中是否有能引起你共鸣的：

- 泡澡过程中或泡澡之后
- 处于大自然中
- 度假期间（通常至少几天之后）
- 剧烈运动后
- 和宠物在一起时
- 读书时
- 冥想或进行灵修活动时
- 做白日梦或惬意地放空（看起来"无所事事"）

这种休息不仅对我们日常的身心健康至关重要，而且在经历高度紧张的事件后，恢复性的休息有助于缓解可能加剧的心理健康问题（比如达到创伤后应激障碍的诊断标准）。

如果将此与倦怠联系起来，我们就能明白现代生活是如何让我们几乎一直处于"在线"状态，尽管我们迫切需要从持续不断的压力和各种要求中恢复过来，却无法实现这种深度休息。我们可能觉得自己在看电视时是在休息，但如果同时还在用手机应用预订火车票，或者刷新某个节目的新闻推送，那么实际上我们处于绿灯和黄灯模式——既感到安全且投入其中，同时又处于动员并有所行动的状态。

而且，我们习惯了在"无所事事"的时候感到内疚。如果我们把"无所事事"重新定义为"进行深度恢复性休息"，或许能帮助我们更坦然地享受这些时刻。

深度休息对我们的身份认同感有多重要

当我们允许自己"无所事事"时，还会发生一些奇妙的事。脑部扫描显示，在这段思绪自由飘荡的时间里，我们大脑中会出现惊人的活跃活动。这被称为默认模式网络（DMN）。DMN被认为在情绪处理以及与个人自传式记忆的关联方面发挥着重要作用，而这些对于我们的自我认同感至关重要——但在倦怠状态下，这种自我认同感可能会缺失。

当我们受到威胁时的红灯模式

当我们试图凭借充满活力的黄灯模式逃离威胁却受阻或无果时，背侧迷走神经系统的威胁反应模式就会启动，表现为脱离和静止。当我们进入这种红灯模式时，身体已经感知到威胁太大，无法抗争或逃避，最有可能的生存方式就是"装死"。这也被称为"瘫倒"。如前文所述，在倦怠状态下，它可能并非表现为身体上的瘫倒，而更多是一种精神上的走神或脱离，这种表现更为隐蔽，但同样有问题，因为它使我们在许多活动中无法真正专注投入。

想象一下，你和一位朋友或家人进行一场棘手的谈话，结果却很糟糕。一开始，你们可能会试图理性交流，尝试理解对方的观点。但如果你们观点相悖，无法达成共识，这场对话可能就不再是合作性的，而是变得激烈起来。这表明你们两人的身体系统都在转向黄灯模式的交感神经系统"战斗或逃跑"模式。在这种充满能量的状态下，你的身体热血沸腾，急切想要迅速解决问题。这可能会导致说话声音变大，手势增多。如果仍然无法得到满意的解决方案，最终你的身体可能会切换到最后一档：红灯模式，即背侧迷走神经抑制模式。此时，你只想放弃。谈话似乎毫无意义，你会觉得听天由命，失去动力，说出类似"那你想怎样就怎样吧"这样的话。

这就是一个描述我们的神经系统在一场对话中如何从黄灯模式转变为红灯模式的例子。从倦怠中恢复并非要完全避免红灯或黄灯模式。相反，目标是帮助神经系统在一天之中能够再次顺畅地在各种模式间转换。这就是为什么我会在第五章为你提供方法，帮助你从这些状态调节回绿灯模式，让你能自信地做到这一点。

第三章 红灯模式：为什么倦怠让我们崩溃

倦怠中的红灯模式是什么样子的？

以下是一些表明你已陷入红灯模式的常见迹象及其原因。

发生什么了？	你将如何认识到这一点	发生的原因
对周遭发生的一切感到恍惚、割离	身边的人告诉你已向你传达过某个信息，而你却并不记得；他们觉得你心不在焉，看起来并没有认真听	这是一种轻度的解离状态。解离是大脑和身体应对强烈刺激的一种方式，即切断与通过五种感官获取的信息之间的联系
感觉情绪麻木或情绪低落	你看起来很冷淡，无法享受当下发生的事情。这可能会表现为共情—痛苦疲劳。你也可能看起来面无表情、毫无生机	焦虑和愤怒这类情绪（处于黄灯模式时）会带来一种能量，让你能采取行动保障自身安全。如果你脱离了黄灯模式，那么这些情绪应对策略就受阻了，也就毫无成效。而空有这些情绪却无法采取行动，会让人痛苦。因此，你的身体系统会试图通过情绪麻木，让你免受这种痛苦感受的困扰
感到能量枯竭	你可能感到身体沉重、疲惫，缺乏动力	红灯模式的核心是能量的保存与静止
从寻求帮助或与他人的互动中退缩	想要放弃，会有类似"有什么意义？"或"这没什么用"的想法；拒绝社交活动，自然条件下避免接近他人（比如在校门口或者饮水机旁）	向他人寻求支持可能会被视为一种软弱，或者担心给他人造成负担，所以往往会不惜一切代价避免，尤其是因为进入红灯模式意味着你已经感觉自己处于极度受威胁和脆弱的状态。此外，你可能很难想象他人的支持会带来帮助

战胜倦怠
在身心透支之前,掌控你的神经系统

(续)

发生什么了?	你将如何认识到这一点	发生的原因
"自动驾驶"模式——机械、无意识地执行日常活动的状态,无主动思考	随意地敷衍了事,不假思索地跟随他人的观点	由于前额叶皮质这一高级脑功能处于离线状态,你只能依赖更为基础的脑功能,这些功能让你能够执行那些经过反复练习、已然根深蒂固成为习惯的行为
清晰地、创造性思考和解决问题的能力受损	问题感觉无比巨大,难以逾越。你可能无法想象事情怎样才能有所不同,也无法将问题拆解成一个个步骤来加以克服。你可能还会犯更多错误,比如在错误的时间参加会议,把晚饭烧糊,订错火车票	此时,你的功能性智商处于最低水平,因为大脑中负责理性思考的部分处于离线状态
情绪化决策	你会变得易怒,或者面对过去觉得轻而易举的决策(比如晚餐做什么)时感到不知所措。又或者,你会变得冲动,做出平常冷静时不会做的决定	理性决策需要用到大脑中负责理性思考的部分,而此时这一部分处于离线状态。冲动决策则源于一种逃避心理,想要尽快摆脱现状
语言及沟通中枢功能下降	难以进行有效沟通(比如难以找到合适词汇表达,或说话条理不清),也难以理解他人话语。例如,有一位处于临床倦怠状态的人,某天早上醒来竟然无法开口说话	语言中枢(布洛卡区)位于额叶。如前文所述,当处于红灯模式时,额叶并非大脑的"主导区域"
无法轻易地在任务中来回切换	你可能会拖延或者难以开启一天中的下一项任务:比如,发现自己一直盯着电脑,或者站在淋浴喷头下,直到水变冷才猛地回过神来	任务切换需要能量和认知能力来做决策。而在红灯模式下,这些都会处于低水平状态

第三章 红灯模式：为什么倦怠让我们崩溃

倦怠中的"自动驾驶"

当我们处于红灯模式——感觉与外界脱节并且精神萎靡时，我们又是如何能够完成诸如做饭、开车甚至是上课这类看似复杂的任务的呢？

"只是走过场"是许多处于倦怠状态的人都熟悉的情况。像这样处于"自动驾驶"的状态意味着你在设法完成别人期望你做的任务，但并没有真正深入地思考这些任务或者与它们建立起紧密的联系。你可能很难记得完成了一项任务，或者如果一个看似很小的障碍妨碍了你执行任务，你就会感到不知所措——例如，在你平常开车回家的路上遇到路障，就可能会让你陷入慌乱。

本质上，这种机能依赖于程序性记忆，它在帮助我们养成习惯方面发挥着重要作用。我不用仔细思考每一个步骤就能给自己泡一杯茶：拿出一个杯子，往水壶里倒水，打开开关，拿出一个茶包……程序性记忆存储在大脑深处（基底神经节），这样大脑就能腾出思考空间。这使我在泡茶时可以听收音机或者与人交谈。相反，学习新技能需要我们大脑中耗能较高的前额叶皮质处于活跃状态。这就是为什么当我们感到倦怠时，学习新技能会很棘手，因为前额叶无法发挥最佳功能，而且我们也没有多少精力可用。我们需要从红灯模式换挡（从静止和保存能量的状态中解脱出来），让前额叶皮质再次活跃起来。

在倦怠状态下，你可能已经熟练掌握了依靠这种深层的程序性记忆来走过场，这也是为什么你的倦怠在自己和他人面前都被很好地掩盖了。这种状态的迹象包括难以吸收新想法（比如在工作培训日），或者记不住新流程中的步骤。

恐慌、不知所措与僵住

恐慌和不知所措是人们常用来描述人类"僵住反应"的词汇。人们常常认为僵住就是上述红灯模式中背侧迷走神经的完全关闭状态，但实际上，僵住状态通常被视为红灯模式与黄灯模式的混合状态。这意味着你体内交感神经系统积蓄了能量，促使你行动起来，但你却感觉被困住，无法摆脱这种状态。

"功能性僵住"指的是与过度工作相关的这种被困住的状态，即你不顾休息、饮食和舒适的需求，继续工作。你看似在正常运转，甚至可能骗过周围的人，但实际上你只是处于"自动驾驶"状态，与周围的一切脱节。

讨好他人

这一点也需要单独讨论，因为它是一个常用术语，用来描述另一种生存反应，即"安抚"或"讨好"。"讨好"同样是一种红灯模式和黄灯模式的混合状态，当我们模仿绿灯模式下的社交参与系统以寻求安全感时，就会出现"讨好"反应：微笑点头、赞同他人，或者试图预先满足他人需求，以免他们不高兴，而与此同时，自己却始终感觉麻木或担忧，对他人的反应高度警惕（"那是真诚的微笑还是假笑呢？""他们根本没在听我说话"）。你可能会觉得自己如履薄冰，脑海中飞速想着接下来该做什么或说什么。有些人在这种状态下表现得极为自然，甚至连最亲近的人都可能被误导。不幸的是，你在"讨好"反应中释放出的积极社交信号会掩盖你内心的挣扎程度。

讨好他人是人们面对家庭或友情中早期人际关系压力时的常见反应。当然，这也可能是导致你倦怠的一个重要原因，因为过度关注让他人开心，致使你无暇顾及自身需求。此外，倦怠导致你精力耗尽，可能会加剧这种讨好他人的模式，因为这是你面对威胁时默认的自主反应。我们将在第八章更详细地探讨讨好他人这一现象。

如何确认你神经系统的状态？

综合神经系统的三个分支，下面的汇总表根据你所处的不同模式，展示了你在感受、行动、思考及行为方面可能会有的表现。

模式/问题	绿灯模式 腹侧迷走神经主导（休息状态）	黄灯模式 交感神经主导（动员状态）	红灯模式 背侧迷走神经主导（静止状态）
模式特点	积极参与社交且专注当下；通过休息来恢复体力、精力	生存动机：调动能量保证自身安全；非生存动机：调动能量来获取食物、配偶、社会地位	生存动机：当危险持续存在且黄灯模式未能实现安全时，采取静止不动的状态；非生存动机：深度休息
可能产生的情绪和感觉	满足、平静；能够体验与他人相连的情感，如同情、悲伤、共情	战斗：激动不安、愤怒、愤世嫉俗、易怒；逃跑：焦虑、恐慌、不知所措、担忧	空虚、羞愧、麻木、无助、绝望、无望、冷漠

战胜倦怠
在身心透支之前,掌控你的神经系统

(续)

模式/问题	绿灯模式 腹侧迷走神经主导(休息状态)	黄灯模式 交感神经主导(动员状态)	红灯模式 背侧迷走神经主导(静止状态)
身体的感觉	能够留意到诸如消化、饥饿感、冷热感知等"一切如常"的感觉。感到轻盈自在	心跳加速;呼吸加快;血压升高;坐立不安;肌肉紧绷;消化减慢(有便意、感到心慌、恶心想吐)	疲劳;可能感到背部、肩膀和头部疼痛;身体感觉沉重或迟缓
心理(认知)能力	能够专注于问题而不会被压垮;可以激发创造性和想象力思维;总体上感觉有能力应对问题;能够准确解读他人的面部表情和肢体语言;能够进行有逻辑的思考或理解抽象概念	思绪飞驰,杂乱无章,只狭隘地关注问题以及对未来的恐惧;难以找到解决方案;容易犯错;缺乏启动行动的想法;缺乏创造性或灵感性的思维	大脑一片空白;难以思考解决方案;对未来感到迷茫;感觉无法做出任何改变
思维模式	我会没事的(正确看待事物);我得做某事才能感觉好些(具备规划和自我关怀的能力);我做得够好了(挖掘自身内在力量)	这很紧急(情绪化推理);我会失败的(高估坏事发生的可能性);要……怎么办;这简直糟透了(灾难化思维);什么都没用(非黑即白思维)	我是没用的(自我攻击);一切都毫无希望(悲观);他们认为我没用(读心臆测)
行为表现	不慌不忙,寻求连接或享受独处的平静	混乱;急迫;匆忙;不耐烦;坐立不安;寻求安慰;试图尽快解决问题	行动迟缓;机械地完成动作(自动驾驶);退出社交活动(拒绝邀请或在社交场合中减少与他人的互动,例如封闭的肢体语言、减少眼神接触)

从倦怠中恢复的一项重要技能是能够识别神经系统的不同状态,也就是当你处于每种状态时,不同的"挡位"会带来

怎样的感受。如果不加以练习，这可能很难察觉；当你陷入消极想法和情绪的漩涡时，它们会占据你的全部注意力，让你很难去思考神经系统正在发挥的作用。最简单的入手方法是，回想最近一次你感觉到某种状态出现的时候。这样你就可以记录下自己体验的各个要素（你的想法、感觉、情绪和行为），同时又能保持一定的距离，这样你就不会在记录时再次被这些情绪完全吞噬。

利用下表中的问题探究你自己的情况。梳理这三种状态下的情况，将有助于你识别自己处于神经系统的何种状态，因为这并不总是显而易见的。黄灯模式下的身体反应很强烈——感觉身体像在对你大喊大叫（比如心跳加速、浑身发热）——但在绿灯模式下，这种反应更像是轻声细语，所以留意身体何处感到满足，会让你更易于捕捉到这种状态。

	绿灯模式	黄灯模式	红灯模式
发生了什么？	示例：下班步行回家	示例：收到客户的电子邮件，告知订单尚未送达	示例：在 Instagram 上看到朋友们聚会的照片，发现自己并未被邀请参与
	你的情况：	你的情况：	你的情况：
你在哪？详细描述一下你周围的环境	示例：公园；阳光明媚的秋日；人们坐在长椅上看书，孩子们骑着自行车	示例：在厨房准备晚餐，切菜间隙查看工作手机；收音机播放着音乐；孩子们在客厅看电视，背景嘈杂	示例：独自一人，坐在沙发上看着电视，同时刷着社交软件

战胜倦怠
在身心透支之前,掌控你的神经系统

(续)

	绿灯模式	黄灯模式	红灯模式
	你的情况:	你的情况:	你的情况:
你会和谁在一起?(如果能选出人的话)	示例:除了其他公园游客外,没有别人	示例:厨房里没有人,但孩子在旁边玩耍	示例:无人陪伴
	你的情况:	你的情况:	你的情况:
在这之前还发生了什么?	示例:刚刚完成一天的工作,虽然待办事项未全部完成,但已经规划好明天的任务,感觉一切井然有序	示例:刚从足球训练场接回女儿,回到家后需要尽快准备晚饭,因为孩子们已经开始感到饥饿和不耐烦	示例:过去半小时一直在刷社交媒体,同时还在观看一个电视节目,但因分心而不断错过重要情节
	你的情况:	你的情况:	你的情况:
你的身体内部感觉到了什么?	示例:平静、放松;胃部感受到温暖	示例:焦虑、燥热;看到邮件时心跳加速	示例:初感震惊,随后是沉重感,身体无力地瘫倒在椅子上
	你的情况:	你的情况:	你的情况:
对此有什么想法?	示例:思绪悠闲飘荡,想到晚餐吃什么,还有晚上要看什么电视节目	示例:必须尽快解决这个问题,避免客户投诉升级	示例:他们不喜欢我;没人喜欢我;我感到如此孤独;既然被这样对待,努力又有什么意义?
	你的情况:	你的情况:	你的情况:

（续）

	绿灯模式	黄灯模式	红灯模式
你会做出什么样的行为？或者换句话说，你产生了哪些冲动？	示例：恰然自得地漫步；路过朋友家门口时有敲门的冲动，但发现她不在家，也觉得无妨	示例：有立即回复邮件的冲动，而不是冷静下来整理思路，为第二天准备一个更周全的回应	示例：坐下后不由自主地继续刷手机，持续约一个小时，既不再认真关注手机内容，也不再专注于电视节目
	你的情况：	你的情况：	你的情况：

要记住，尽管你的身体状态可能像是卡在了生存模式，有时你甚至感觉自己像一辆完全抛锚的车，但你始终是掌控方向盘的那个人。用上述方式去觉察自己身体的想法、感受和行为，是重新夺回控制权的第一步。

第四章
如何获得安全感

阿尼卡的工作环境（NHS 的病房）十分忙碌。从她踏入病房的那一刻起，她就面临各种看似紧急的任务和来自同事、病患的多重要求。这正是她从压力状态滑向倦怠状态的重要原因之一——工作要求极高，而且她觉得自己别无选择，只能一刻不停地完成整个轮班工作。休息似乎是一种奢望，因为工作任务始终都如此紧迫。当我问她什么时候能与他人进行社交互动，她真正能想到的只有与患者的交流，由于患者病情的特殊性，这些交流在情感上都非常强烈。她的紧张状态最终导致她在上班前的清晨惊恐发作，彼时她浑身僵住，什么也做不了。发作过后，她会感觉与周围的一切都脱节了，机械地开车去上班，对即将到来的一天充满恐惧。

如果你的"压力应对机制"一直卡在"生存"状态下的红灯和黄灯模式，你需要学习如何让它们再次流畅运转，而且重要的是，要学会如何更多地进入绿灯模式。

如果我们感觉不够安全，就无法回到放松的绿灯模式。我们的神经系统需要评估当前的风险水平并感知到我们是安全的，才会让我们回到戒备心较低的绿灯模式。

缓解焦虑的方法和腹侧迷走神经练习可能会有所帮助，随着腹侧迷走神经实用技巧在社交媒体上的流行，这些方法也受到了广泛关注和欢迎。然而，只有当我们感到安全时，才有可能抑制我们的黄灯和红灯模式，享受一段恢复性的绿灯模式时光。这既需要相应的环境支持，也需要方法（我会在第五章介绍这些方法）。正如我们在第二章中所看到的，我们的环境很少有助于产生安全感，因为忙碌且刺激过度的现代世界不断提出各种要求，阻碍了我们进入绿灯模式。那么我们该如何克服这一点呢？

我们可以通过一些小调整来开始提升安全感，这些调整要契合我们的神经感知。神经感知是身体内置的监测系统，在潜意识层面，它始终在留意安全和威胁的信号。对于即时的小调整，我们可以尝试"微光"策略。

"微光"——触发因素的对立面

触发因素是将我们推向威胁模式的刺激源，而"微光时刻"则有可能让我们回归到绿灯（放松）模式，但前提是我们得留意到它们才行。当我们忙得不可开交、不堪重负时，留意到这些微光时刻并非易事，所以我们需要主动去关注它们，以充分利用其带来的益处。本章中的方框中列举了一些微光时刻的想法，研究和临床实践表明，这些对很多人都有帮助。

"微光"这一概念是由美国一位咨询治疗师黛布·达纳（Deb Dana）提出的，她巧妙地将多重迷走神经理论转化为易于应用于治疗的理念。达纳还概述了安全的三个"C"；这些是我们环境中的要素，它们为我们的神经系统提供了判断我们有多安全所需的线索。它们分别是：

- 情境（Context）
- 联结（Connection）
- 选择（Choice）

情境

情境是指关于我们当前处境的信息，有助于我们理解正在发生的事情以及自身是否安全。它涵盖了事件中的人物、事件内容、发生方式和原因，尽管我们也会借助此前对自身和世界既有的认知来辅助理解。

闻到燃烧的气味会触发我们体内的警报，除非有人告知我们邻居家花园里点了篝火，在这种情况下，这一背景信息会让我们安心，知道自己是安全的。当情况中的某些方面"说不通"时，我们就会起疑，也就是说，我们的威胁应对机制会被触发，意识到这可能是麻烦的征兆。

如果神经系统从所处情境中无法获得足够的安全感，从而

第四章 如何获得安全感

无法放松下来，它就会默认进入黄灯模式。我们的许多行为都关乎对自身所处情境的理解，尤其是在我们试图做出影响日常生活的选择时。探寻情境的行为可能包括查看天气预报以决定该穿什么；在搜索引擎上查询病症以进一步了解病情；探究一种陌生的新气味从何而来。当我们缺乏安全线索时，黄灯模式就会急切地做出反应，驱使我们去寻找这些线索，从而产生强烈冲动，更多地做出上述行为。这就可能导致我们向他人寻求安慰（"我刚才听起来还好吧？"），或者反复核查某些事情（比如新闻或出行信息更新，又或者通过街景地图查看要去的地方）。这会引发一个恶性循环，我们越是关注不确定性，焦虑感就越强，核查的冲动也就越发强烈。

我们之所以喜欢按部就班（例行公事），喜欢熟悉的地点，是因为它们减少了我们对探寻情境行为的需求，帮助我们感到自信和安全。惯例还让我们知道，一天中何时可以安心结束工作去休息，而不会产生负面后果。当我们面对不确定性或新鲜事物时，我们的神经系统必须对其进行风险评估。这就导致了焦虑，因为我们的神经系统会进入待命状态，以防需要采取行动。即使是令人愉快的生活事件也会带来不确定性——搬家、度假和开始一份新工作，依然会带来一种未知感。

但确定性并非此处唯一重要的因素。一个安全的环境还需为我们提供能让我们放慢节奏、安心休息的物理空间、许可及机会。遗憾的是，现代生活无法满足这些。我们所处的环境并未鼓励我们放松休息，相反，我们被期望全天 24 小时保持响应状态，随时待命，这一点在我们的物理空间上也有所体现。例如，我在NHS工作时，医院大楼内没有一处既不在工作区域，又不在办公桌前的地方能让我能坐下来吃午餐。厨房只能容纳两个人站立。仅此而已。所以，遇到下雨天的休息时间，我只能选择坐在未完成的工作面前，或者坐在同样忙碌工作的同事面前用餐，这两种情况都不利于放松休息！

空间情境

人们可能天生在视觉上偏爱中等复杂程度、类似草原的环境，因为这些区域意味着安全和食物充足。

亚历山大·科伯恩（Alexander Coburn），2017年，"建筑、美与大脑"（Buildings, Beauty, and the Brain）

我们的感官系统偏爱来自自然界的刺激。研究人员科伯恩在其关于人类神经系统与建筑设计的研究中发现，模仿某些自然元素的人造空间有助于提升幸福感。模仿自然的动态（比如树叶在微风中轻轻摇曳或是水流潺潺）、使用木材和植物等天然材料，以及充足的自然光，都对我们有着积极影响。人类本能地倾向于那些复制了能让我们祖先生存繁衍的环境特征的空间。

科伯恩的研究表明，我们所处环境的三个关键方面能让我们感到安全和安心：

- 流畅性——一种有序性，帮助我们安全地在空间中通行。

- 吸引力——有趣的景致，为我们提供躲避捕食者和寻找食物的选项。
- 舒适温馨或家的氛围——能让人感到惬意舒适的环境，使我们得以增进与他人的联系，也能安心休憩。

如果你大部分时间所处的空间能带给你这三样东西，那你的神经系统就能更轻易地感受到安全。比如，你在咖啡店的角落，周围满是靠垫，会产生一种惬意之感；又比如，许多人在自己家里整洁有序时，心情会更好，这都是例证。

我们的身体如何从情境中获取信息

我们所处的环境通过我们的感官和身体对我们产生影响。如果腹侧迷走神经受到舒缓的刺激，这将会产生镇静效果。这条神经的末梢最密集地分布在身体的上半部分。

- **耳朵**：声音是我们的神经系统搜寻安全线索的重要途径，低频声音会让我们联想到捕食者。当我们感到不安全时，会对背景噪音过度敏感。耳部肌肉会紧绷，使得我们更难听清高于背景噪音的人声。
- **眼睛**：当我们处于警觉状态时，瞳孔会放大以扫描危险。眼睛会寻找安全线索，这些线索常见于熟悉的面孔、自然的色彩以及规律且可预测的图案中。当我们行走或移动时，眼睛也会自然地从左到右扫视，以了解周围环境。现在的研究表明，这种左右双侧的移动能让我们保持警觉，同时又能充分抑制大脑的威胁反应中心，防止我们陷入僵住或逃避的状态。

- **皮肤**：在腹侧迷走神经聚集的身体部位周围进行刺激，无论是温暖、寒冷的刺激，还是触觉接触，都能起到舒缓作用。然而，人与人之间的触摸尤为重要，因为这会释放催产素。肌肤与肌肤的接触是释放催产素最有效的方式之一，这也包括自我触摸，比如触摸与腹侧迷走神经相连的身体部位。
- **身体的运动**：每一种自主状态，无论是绿灯、黄灯还是红灯模式，都与一定程度的能量和运动相关。因此，增加能量水平可用于调节状态。满足当下的即时需求具有治疗作用，并且会被身体系统解读为安全的信号，尤其是当你移动与腹侧迷走神经相关的身体部位时。例如，缓慢地左右转动头部会激活绿色模式下的腹侧迷走神经。

在现代生活中阻碍我们找到安全情境的因素

现代生活的部分难题在于，我们身体的关键部位未能以舒缓的方式得到刺激。生活嘈杂又忙碌，这导致我们心率加快，肌肉紧绷，随时准备行动。以下是一些现代环境让我们的身体持续处于备战状态的例子。

- **听觉方面**：在现代生活中，存在大量我们祖先未曾接触过的背景音和电子噪音（如倒车提示、冰箱蜂鸣声、城市交通噪音和警报声）。这些噪音使得我们很难专注于那些代表安全的有意义声音，比如人声。能降低噪音的耳塞已成为应对这类过度刺激的常用方法，如果你感觉自己特别容易受此影响，不妨一试。
- **视觉方面**：在社交媒体和电视上目睹暴力事件或环境

灾难，无论是虚构的还是真实的，对我们来说已习以为常，但这些对我们的神经系统而言都是强烈的危险信号。同样，如果我们生活在高楼林立的环境中，很少能接触到令人平静的景色，或者独自工作很少看到友善的面孔，也会对神经系统产生类似影响。

- **运动方面**：如果神经系统的节奏与工作或学校的日常安排不相符，我们就很难做出合适的运动，取而代之的是久坐。长时间盯着前方的屏幕，意味着颈部和头部的腹侧迷走神经，以及眼睛的双侧运动无法得到定期锻炼。简单的伸展运动和环顾四周有助于改善这种情况。

- **空间方面**：许多现代城市建设遵循"形式追随功能"的理念，这意味着空间的功能性（即流畅性）被置于首位，而舒适温馨感和吸引力则未被纳入考量。遗憾的是，那些能给人空间感、使用天然材料、富有变化、打造社区空间以促进交流并激发我们创造力的建筑，在我们的居住和工作环境中越来越少见。

- **缺乏专门的放松空间**：传统意义上，家被视为我们的安全空间，但实际上，家里往往充斥着各种提醒我们还有未完成任务的事物，而且对于生活在热闹家庭环境中的人来说，家可能并非宁静之地。如今，越来越多的人在家工作，家与工作之间的界限变得模糊。当我和阿尼卡探讨安全、放松环境这一概念时，阿尼卡认为就连她的卧室都不是她所需的避难所，因为她的工作笔记本电脑就放在床边，很多人这样做要么是因为空间有限，要么仅仅是出于习惯。手机也是如此。通过屏幕我们能随时接触外界，这意味着总有一些嘈杂的刺激干扰我们的身体接收安全信号的能力。

在现代生活中寻找安全情境

想想那些能让你心灵安顿、神思平静的地方。如果你觉得很难想到，那就想想那些吸引你的地方，以及它们的哪些特质让你感觉良好。如何将更多这样的元素融入日常点滴？哪怕是以很微小的方式。例如，如果你喜欢从某扇窗户眺望出去的放松景致，何不在早餐时间在那喝杯咖啡呢？

很多人在感到不堪重负时，会凭直觉认为走进大自然会有所帮助，而且也有研究证实了这一点：像海岸线和河流这样的"蓝色空间"能提升我们的创造力，让我们感到平静；"森林浴"（即用心花时间沉浸在林地带来的宁静氛围中），有助于缓解因过度接触科技而产生的压力。

当然，我们并不总是能走进大自然。鉴于世界上超过一半的人口生活在城市环境中，我们需要其他替代方式。幸运的是，我们可以通过其他途径获得同样的效果。例如，2017 年日本研究人员针对静态图片展开的一项研究表明，只需花 90 秒时间观看森林的图片，就能对研究对象的生理状态产生镇静作用。

这一点在屏幕图像上同样有效。《卫报》（*Guatrdian*）电子游戏编辑凯扎·麦克唐纳（Keza MacDonald）公开分享过，她沉浸于电子游戏《塞尔达传说：旷野之息》的世界，借此熬过了初为人母情绪起伏剧烈的生活阶段。这款游戏以其令人惊叹的风景著称。尽管传统上电子游戏常因暴力内容而备受诟病，人们认为电子游戏对心理健康有害，但很多游戏也能带来积极的刺激。我家人则尤其喜欢节奏舒缓的电视节目，比如知名喜剧演员在自然环境中一边随意聊天，一边钓鱼、漫步或作画的节目。

微光：在家中/工作中寻找安全的时刻

在何处寻找"微光"	家中	工作中
视觉		
听觉		
嗅觉		
触觉		
味觉		

以下哪些能让你感到平静呢？

- **视觉方面**：海报、电子游戏中的场景、照片、窗外的景色、花园、你的宠物、能让你感觉良好的有意义的物品（比如一份礼物）、通过整理杂物来创造更多空间和整洁感、铺有地毯并摆放舒适椅子的房间或区域，营造出更惬意的舒适氛围。

- **听觉方面**：喜爱的音乐或广播节目，待在家中远离繁忙主街的另一个房间里。使用耳塞或降噪耳机是否能更好地营造安静环境呢？或者你可以试着唱唱自己喜欢的歌曲？

- **嗅觉方面**：蜡烛或香水的香气、烹饪的味道、你的宠物的气味、刚洗过的衣服的味道。
- **触觉方面**：减压玩具（触摸起来感觉良好的感官物品，如软弹球、橡皮泥）、柔软的材质、热水袋的温暖、加重的毯子，天然材料如鹅卵石、木雕和沙子。
- **味觉方面**：有没有一种熟悉的味道能让你感到平静，或是能唤起积极的回忆？

联结

由于人类为了生存需要彼此联系，我们的神经系统天生就倾向于与他人建立紧密的社会联系。我们绿灯模式中的社交参与机制促成了这一点；当社交互动时刻释放出催产素时，我们会感到平静、充满爱意且安全。催产素还具有恢复能力，能帮助我们从疾病和伤痛中康复。

与社交参与系统相关的神经网络分布在身体的某些部位，即使是婴儿也能在早期控制这些部位，这样他们便能着手建立生存所需的重要社会联系。这些部位包括我们脸部和颈部的肌肉、眼睛、声音和耳朵，所有这些都对心率有调节作用。婴儿的社交参与系统通过以下方式帮助他们与照顾者进行沟通并建立联系：

- 寻求眼神交流。
- 发出愉悦的声音（咯咯笑和咕咕叫）或痛苦的声音（哭泣）。

- 做出开心或不开心的面部表情。
- 从周围环境的视觉图案中识别出人脸，并将头转向人脸方向。
- 从其他声音中辨别出人类的声音，同样会将头转向声音方向。

婴儿看上去是无助的，而从他们的角度看，与主要照顾者建立的社会联系，即所谓的依恋关系的质量，是他们在无法独立的世界中确保生存的关键。这意味着照顾者缺乏互动会被婴儿视为一种威胁。在2012年美国发展心理学家爱德华·特罗尼克（Edward Tronick）的"静止脸实验"中，我们就能看到这一点，该实验观察了母婴之间的互动。在研究过程中，母亲们被要求面无表情，对孩子发出的互动信号不予回应，比如对孩子递来的玩具毫无反应。孩子因此变得不安，即便母亲停止这种行为后，孩子仍会出现一段时间的困惑行为，这表明他们之间的社会联系暂时受到了干扰：孩子既想靠近母亲并伸手去接触，却又回避她的目光。

如果你足够幸运，拥有能敏锐感知你的需求、且能调节自身神经系统的主要照顾者，那么这将帮助你学会在心烦意乱或情绪失调后，如何安抚自己的神经系统。这会带来较高的迷走神经张力，意味着你的腹侧迷走神经功能良好，使你能够很好地应对压力，也就是说，你能自如地调整自己的状态。好消息是，较低的迷走神经张力可以通过自我安抚练习（我们会在第五章讲到）和共情关怀（我们会在第三部分更详细地探讨）得到改善。

协同调节

社交参与系统帮助我们获得安全感的一个重要方式是通过"协同调节"：两个人的神经系统之间传递有关某一情境安全性或危险性的信息。当孩子心烦意乱时，父母镇定的陪伴、安抚以及细致理解孩子的需求，会向孩子传递一种隐性的安全感信息。这能让孩子慢慢恢复到绿灯模式（放松、平静的状态）。许多育儿方法和照顾者给予的支持，其核心都是"协同调节"这一概念，鼓励成年人先满足自身神经系统的需求，这样才能满足他们所照顾对象的需求。

在成年后，协同调节依旧十分重要。留意一下，与和沉稳踏实的人相处相比，当身边同事风风火火且焦虑不安时，你的感受会有何不同。心理医生工作的一个重要环节，就是在开始诊疗前先安抚好自己的神经系统，这样在面对来访者的痛苦时，他们才能保持情绪稳定——这极具包容和治愈作用。倘若你从事社会服务行业，你也会大量涉及此类工作：本质上就是把自己的神经系统"借"给那些因受伤、生病或压力等因素而情绪失调的人。心理学家和心理医生会定期接受督导，在此过程中，他们能因这份工作获得情感支持，但这并非大多数工作的常规配置。我有个朋友，她曾从事客户服务的工作，接触的都是那些因债务即将失去住房、极度痛苦的人。在这个岗位上，她完全没有得到任何情感支持，并表示管理层从未考虑过提供这样的支持。然而，如果没有适当的支持，长期接触他人的痛苦会耗尽我们的精力，协同调节就会朝着错误的方向发展。我们会被他人的痛苦情绪所感染,感觉更糟,而无法给予对方稳定的支持。这就是社会服务工作者极易出现高度倦怠的常见原因。

现代生活中阻碍联结的因素

建立联结的需求,自古以来便是人类心灵深处不变的渴望,亦是成年后帮助我们保持情绪稳定的基本核心需求之一。当周围人的肢体语言是开放和友善的时候,我们会感觉更放松;当我们留意到他人眼神时,会捕捉到其中传递出的友善和温暖的信号;以及当他人的声音变得单调或高亢时,我们会觉得自己做错了什么。

我们身处的现代环境干扰了人与人建立联结的信号。据为企业提供研究与咨询数据的美国科技公司高德纳称,2020年有40%的会议在线上举行,预计到2024年这一比例将升至75%。与此同时,有关"视频会议疲劳"(因过度使用视频会议而产生的疲惫感)的报道不断增多。针对其成因的研究表明:视频会议时,放大的面部画面会带来过于强烈的眼神接触,让人感到有威胁;屏幕上持续显示自己的画面(这在面对面交流中是不存在的);以及聊天功能中众多数据源带来的信息过载和同时看到多个人的画面。在小组会议中,互动的笨拙感,比如大家都担心会打断彼此发言而出现的尴尬沉默,也会破坏交流的流畅性和彼此间的联结感。

为了试图满足我们内心对社交联系的需求,我们访问社交媒体的频率也比以往任何时候都高。但在社交媒体上,互动更多地围绕着"点赞"和"分享"。社交媒体的"成功"源于它激进地运用一种心理学原理来吸引我们的注意力：行为强化——对那些让我们停留在该平台的行为给予积极强化。然而，现实世界中的社交互动并非如此。所以，我们不仅很难让自己从社交媒体中抽身，而且还会引发攀比心理，这对我们的心理健康有害，并且阻碍了真正的社交联结的建立。

2024年来自社交媒体公司的数据显示了用户日均使用时长，据此我们可以估算，假设一个人从十岁左右开始使用社交媒体，一直持续到七十岁出头，那么其一生中花在社交媒体上的时间约为六年。这些上网时间不仅妨碍了我们与身边真实的人进行有意义的交流，而且正如《多层迷走神经指南》(*The Polyvagal Theoryin Therapy*)一书的作者黛布·达纳所说："随着我们越来越依赖线上对话来沟通，锻炼我们社交参与神经回路的机会就越来越少。"

若缺乏练习，我们可能会丧失社交的自信与技能。2023年1月，《纽约时报》(*New York Times*)刊登了一篇文章，倡导每天花八分钟与亲朋好友通电话，以增进彼此联系，随后时尚杂志 *Stylist* 对此进行了深入探讨。他们发现，许多千禧一代在电话交谈时自信心不足，原因在于他们因缺乏练习而认为自己在这方面的技能水平较低。

过去，我们生活在村落中，归属感滋养着我们，我们可以获得长辈的智慧，拥有熟悉且相互扶持的社群。如今，交通便捷、线上工作发达，我们可能会离家很远去工作或求学，与天各一方的同事共事。对选择和竞争的强调渗透到生活的方方面面，从教育、健康到休闲活动皆是如此。我们可以选择为了接受教育或发展爱好而前往更远的地方，但这对我们的社区凝聚力产生了连锁的负面影响。

如果缺乏恰当的人际交往和相互调节的机会，我们就会感到孤独。英国国家统计局2022年的一项调查显示，近50%的英国人感到孤独。在职场中，美国最易让人感到孤独的职业包括：法律、医疗、科研、工程以及公务员。一位因倦怠而离职的全科医生曾向我倾诉，这份工作使其变得多么孤立和孤独。高强度的工作几乎全靠个人完成，而非团队协作，而且一旦你需要征求同事的意见，就会被暗示是一种失败，更别提在工作压力巨大时能获得情感支持了。

由于人际交往对我们的幸福安康至关重要，孤独会触发我们的黄灯保护模式（即警戒状态）。这就是为什么孤独与人们更为熟知的肥胖、吸烟和缺乏锻炼一样，都是影响身体健康的风险因素。

通常伴随孤独而来的，是诸如担心自己"成为负担"，或是"别人不会理解"，以及"我得自己解决问题"这类想法。为了克服孤独，我们需要给社交参与系统一些时间重新建立连接，而当我们感到脆弱和与外界脱节时，做到这一点需要些勇气。

> **快速建立联结的"微光"**
>
> 你可以通过与他人真正建立联系来获得联结的"微光",不过,哪怕只是想象与他人的联结,也会刺激相应的神经网络并释放催产素。
>
> 两分钟方案:
> - 对你遇到的下一个人微笑并打招呼。
> - 抱抱你的宠物(协同调节不仅发生在人与人之间,也可以发生在主人和宠物之间)。
> - 看看你喜爱之人的视频。
> - 闭上眼睛,想象某个你在乎的人(可视化能如同真实经历一样刺激相同的神经网络,但这可能需要练习)。
>
> 十分钟方案:
> - 听一期熟悉的、对话式的播客。
> - 给朋友或家人打个电话。
> - 出门坐在长椅上,周围最好有人(比如公园或商业街)。

选择

如果没有选择,我们就会丧失自主感,无法坚守自身的边界,也无法依据自己的价值观行事。这会导致一种被困住或无力的感觉,正如我们在第二章中所看到的,这种感觉会触发我们的威胁反应。

缺乏足够的选择

为了让我们的神经系统能够自如地调节状态，我们需要有选择的自由，这样才能实现这一点。如果我们的选择权受到限制，我们就会感到被困住，从而变得更加恐惧。

如今，我们面临着铺天盖地的选择，从洗发水品牌、谷物食品到正念冥想应用程序，应有尽有。然而，在诸如工作（比如休年假或从事兼职工作）、育儿、金钱和生活水平等重大人生问题上，我们的选择其实相当有限，这一点很容易被忽视。

例如，照顾者常常因选择有限而面临艰难抉择，比如是否要放弃工作、房子或者完全停止照顾他人。在有偿工作中，像休长假或者转到一个工作时长和责任较少的岗位以减轻工作负担这类选择，在需要支付账单和房贷的情况下，从经济角度而言往往难以实现。

研究表明，工作中自主权的降低会增加压力，导致员工倦怠。比如，对员工工作进行过度管理，强制推行自上而下的任务执行方式，而不是让员工自由选择他们认为合适的工作方式。这种选择的减少会让人感到无力，无法维持健康的工作界限，比如按时下班、按照自己的价值观工作以及对更多工作说"不"。

我们选择受限的另一个原因在于我们自身的信念以及我们赋予各种情境的意义。这些信念和意义不仅源于我们当前所处环境中关于什么是可接受行为的信息，还来自我们早期的生活经历。诸如认为委派任务代表失败、拒绝项目是懒惰的表现，以及如果不加班就是让同事失望等信念，都会降低我们对自身选择权的认知。我们将在第七章再次探讨那些限制我们选择的权力来源（其中许多对我们来说并不明显）。

选择过多

当我去探望一位因压力过大而休假的朋友时，她问我有什么办法能让她感觉好一些。她给我看了她订阅的两款正念冥想应用程序，还把一堆自助类书籍放在桌上。接着，她却怎么也想不起来在哪本书里看到过某些技巧，对于该遵循哪本书的方法，她显得既困惑又不知所措。这是现代生活用过多无用选择对我们狂轰滥炸的一个讽刺实例。选择太多意味着我们要做更多决定，这会让人疲惫不堪，而且我们的神经系统会将其视为一种威胁。

2001 年，加州的一项研究观察了顾客在两种果酱展示区的行为。一个展示区有 24 款果酱，另一个只有 6 款。研究发现，60% 的人会在更吸引人的展示 24 款果酱的区域驻足，而在展示较少果酱的区域停留的人只有 40%。然而，购买行为显示出过多选择对购买决策能力的影响。小展示区有 30% 的顾客最终购买了一罐果酱，而大展示区只有区区 3% 的顾客购买；大展示区的顾客陷入了决策瘫痪。

这项研究表明，人类会被选择所吸引，但过多的选择会因选择过载将我们推向"警戒状态"，此时我们会感到压力、回避决策、后悔并失去动力。父母倦怠就是这种情况的一个明显例子，父母们表示，面对相互矛盾的建议，他们感到困惑。市面上有许多关于孩子睡眠、饮食、手足竞争等方面的书籍，但你该选哪本呢？当医生或朋友从不同立场给出建议时，你又该如何理解孩子棘手的行为呢？

贝丝·贝里（Beth Berry）在她关于父母倦怠的著作《不堪重负的母亲》（*Mother whelmed*）中，列举了父母每天都必须做出的棘手选择的例子，而且重要的是，她指出这些选择是多么令人疲惫不堪，因为你总觉得自己做得不够好。选择一种方案，就意味着对其他代表你所秉持的重要价值观的方案说"不"；但在所有其他压力之下，要兼顾这些价值观是不可能的。贝里引用的一个例子是："保持房子整洁和让孩子有事可做，哪个更重要？"（在你对整洁有序的重视和陪伴孩子之间做出选择。）

快速选择的微光

两分钟方案：

- **提醒自己拥有选择权**：此刻我能做些什么身体动作，既能让自己感觉良好，又能回应我一直忽略的某种需求呢？

示例：站起来伸个懒腰；坐下转动肩膀或者伸展手臂；走进另一个房间，看看窗外的景色；在楼梯上跑上跑下几次来提神；播放一首喜欢的歌曲并跟着唱。

- **减少过多选择**：接下来我能做什么小举动，以减少干扰和选择的数量，让自己感觉更好呢？

> 示例：如果在电脑上工作，关闭所有分散你注意力的标签页；把手机放到另一个房间，以便更好地与孩子交流或专注于工作；删除一些你不用的应用程序；暂时退订电子邮件通讯，给自己两分钟的清净。
>
> 十分钟方案（当你感觉精力有所恢复时进行，因为当我们处于黄灯或红灯模式时，做决策是最困难的）：
>
> - 审视自己何时会感到压力，看看这是否与做决策相关。你能否制订一个计划来减少这种情况呢？例如，取消一项订阅；把多余的谷物食品收起来，早上只留下两种可供选择；提前一晚准备好第二天要穿的衣服。

第五章
如何让你的神经系统进入绿灯模式

因压力过大请病假两周后，莎拉深知自己不能再回到之前那种忙碌的工作节奏中。堆积如山、等着她处理的工作任务让她忧心忡忡。即便是去接受心理治疗也让她畏缩，但"微光时刻"这个概念似乎还能接受。她开始愿意尝试去识别这些可能带来平静或安全感的时刻。一旦她开始寻找，这些时刻便逐渐显现出来。以前，当她走进同事们正在聊天的员工休息室时，她会径直走向安静的角落批改作业，而现在，她会先试着加入他们聊上几句，体验那种"联结微光"。当孩子们都去上下一节课后，宁静降临，她会停下来留意自己是多么享受这一刻，并利用两分钟时间欣赏窗外操场的景色，享受另一个"情境微光"。尽管这些在安全感中短暂停留的时刻，并不能解决导致莎拉倦怠的压力根源，但她让自己沉浸在这些"微光时刻"中，从忙碌中寻得片刻喘息。随后，我向她介绍了一些让神经系统安定下来的方法。

当某人陷入失调的循环中时,要打破这个循环并非易事。如果容易的话,他们早就摆脱困境了。了解自身神经系统的运作方式能赋予我们力量,但你还需要实际去运用这些知识并不断练习。重复练习是构建形成新习惯所需神经网络的关键。当你开始尝试新事物时,不要将自然的挑战感误认为是你做错了或者这个事物不适合你的信号。这是正常现象,坚持下去。随着时间的推移,新习惯会变得越来越容易养成,因为我们的大脑具有可塑性:它们会被我们反复做的事情所塑造。

当我们处于黄灯或红灯模式时,身体会感受到强烈的情绪反应,导致过度思考和无端忧虑。所以,当我们安抚身体时,身体就能向大脑传达危机已过的信号,从而让我们的身体系统恢复调节,思绪得以平息。这就是本章所介绍的治疗方法背后的原理。当我们处于绿灯模式时,定期练习这些策略,能强化肌肉记忆,以便在我们需要策略性地让自己从黄灯和红灯模式中恢复过来时,能有效地运用这些策略。

在任何时刻,你所需要的方法将取决于你主要处于红灯模式还是黄灯模式。要弄清楚这一点,你需要倾听身体的声音,识别自己处于这两种模式中的哪一种。

下表列出了刺激腹侧迷走神经的身体主要区域。

区域	如何温和激活此区域	快速尝试选项
口腔	发声能释放喉咙肌肉中积聚的紧张感,而嘴和喉咙周围的振动会激活腹侧迷走神经	轻声哼唱或唱一首你喜欢的歌

（续）

区域	如何温和激活此区域	快速尝试选项
颈部	轻轻地将头从一侧转向另一侧，上下移动或做圆周运动，可以活动"好奇肌"——胸锁乳突肌，它从后脑延伸到颈部直至胸部顶端。该区域的冷刺激也有调节作用	环顾房间并大声（或在心里）说出你能看到的所有蓝色物品。 使用冷毛巾敷在颈部。尝试不同的温度；如果你需要更冷的刺激，可以把湿毛巾放入塑料袋中冷冻，然后按需使用
眼睛	让你的视线扩展到更广阔的空间（整个房间）。当我们处于黄灯和红灯模式时，瞳孔会收缩，视野变得狭窄。当我们将视线扩展到更广阔的全景视角时，这可以减少压力和焦虑	抬头向前看，放松双眼，以便能尽可能多地感知周围环境和自身身体状况
肺部和胸部	有节奏的腹式呼吸	进行呼吸练习（详见下文）
耳朵	聆听音乐或平和的人声，尤其是熟悉且饱含关切的声音，会刺激内耳肌肉，同时，声音的韵律会被我们的身体系统解读为一种安全信号	整理一份包含五首能让你振奋起来的歌曲的播放列表；将其保存到收藏夹中，在需要的时候听一听 听一条关心你的人发来的语音消息
大肌群	运动可以释放储存在大肌群中的积压能量。温和的伸展或瑜伽动作可以拉伸肌肉，释放积聚的紧张	学习三四个伸展动作，例如来自瑜伽或普拉提的动作，并温和地进行练习；交叉爬行（稍后会解释）
心脏	呼吸可以调节心率。 能够感到温暖，想象外界刺激带来的温情流入心间，具有调节作用	进行呼吸练习；把双手放在胸口，静置几分钟

下一个表格展示了你如何去调节神经系统，使其恢复到绿灯模式。

步骤	黄灯模式	红灯模式
第一步	观察自己是处于黄灯模式还是红灯模式	
第二步	释放多余的应激激素，结束压力循环	解冻（缓和紧张状态）；让活力重新回归
第三步	让自己安定下来：专注于当下时刻，并留意当前环境中的安全信号	
第四步	运用呼吸法、安抚性触摸、轻拍或可视化等方式刺激腹侧迷走神经，让身体恢复到绿灯模式	

第一步：观察

暂停一下，从头到脚扫描你的身体，在心里留意身体各部位的感受。仔细体会任何感觉、麻木或紧张之处——心跳是否过快，肌肉是否紧绷准备行动，或者此刻是否只想爬进被窝。你可以在一天中的任何时候进行这一步，不过在转换活动的过渡时刻做尤为有效。原因有两方面：其一，这是一个自然的停顿，有助于你记住去做这件事；其二，不同的活动对我们有不同的要求——有些需要放慢节奏进行反思，有些需要建立社交联系，还有些需要充沛的精力——而倦怠的部分问题在于，这些活动长时间相互交织，且都以同一种状态进行。

以下是一些过渡时刻的示例：

- 完成待办事项清单上的一项任务
- 在开始一场会议或视频会议之前
- 结束一天的工作时
- 出发去幼儿园接孩子
- 开始和孩子进行睡前常规活动
- 坐下来吃午餐或晚餐
- 上床睡觉前

第二步：促使你的神经系统从黄灯和红灯模式中切换出来

我们先从基于身体的练习开始，让你逐步进行。

脱离黄灯模式：释放多余的应激激素和能量

如果你发现自己难以停下足够久去做第一步，这表明你处于黄灯模式。处于黄灯模式时，你会感觉异常匆忙。你可能在快速阅读或浏览这些内容，甚至一边阅读一边坐立不安或跺脚。你的神经系统在告诉你：要么逃跑，要么攻击。正因为如此，静止不动会让你感到格外不适。你体内积聚了过多的肾上腺素和皮质醇，需要将它们释放掉，才能让自己恢复到绿灯模式。

释放多余激素最快的方法是通过运动将其消耗掉。当你进行高强度活动时，自然会感到疲惫。这种疲惫感会引发休息的欲望，而这正是我们希望达到的效果。然而，在无法进行或不适合进行高强度运动的情况下，也有其他选择，如下表所示。

低强度	• 玩减压小玩具 • 抖动双腿 • 在膝盖或肩膀上进行双侧轻拍 • 收紧一组肌肉，比如面部肌肉或手臂肌肉。保持几秒钟后放松，重复几次。这是一种简短的渐进性肌肉松弛法（PMR）练习
中强度	• 站起来做一些伸展运动 • 在房间里踱步、上下楼梯或绕着街区行走 • 擦窗户、扫地或用吸尘器打扫 • 尝试交叉爬行练习
高强度	• 去慢跑 • 参加健身课程 • 在健身房锻炼 • 在房间里跳舞 • 做开合跳，或者在楼梯上跑上跑下

脱离红灯模式：解冻，让精力恢复

你是否感觉沉重、疲惫且缺乏动力？在倦怠状态下，我的来访者们反映，这种情况在早晨他们试图振作起来时、在做决策（比如纠结晚餐做什么或走哪条路）时，或者在结束那些他们不想停止的活动时（比如淋浴结束、咖啡休息时间结束、告诉孩子屏幕使用时间已到）最为严重。

这些沉重的感觉并非你的错。也不是因为你懒惰，而是你的神经系统当前状态的体现：处于冻结或关闭状态。虽然上述针对黄灯模式描述的运动在这里也会起作用，但它们可能需要比你自认为拥有的更多的能量，因此可能难度太大。相反，你可能需要更温和的运动，让能量重新回到你的身体系统中。从非常缓慢的动作开始，随着你逐渐解冻并重新获得更多能量，再逐渐加快速度。

以下是一些能帮助你缓慢解冻的小动作：

- 转动颈部和头部，慢慢环顾四周，眼睛也跟着环视房间。
- 自我拥抱：有几种不同的方式，多尝试找到最舒适的那种。第一种是一只手放在腋窝下，另一只手环绕肩膀，让自己感觉舒适。第二种是双手握住上臂，像感觉冷想要取暖时那样，慢慢上下揉搓。确保持续几分钟（只要保持舒适）以获得益处。
- 双脚交替重心，左右摇摆。
- 坐在秋千或摇椅上（如果有的话），轻轻前后摇晃。
- 咀嚼一些脆的东西，比如生胡萝卜。

第三步：专注于当下自身感受

通过适应当前环境，我们能够留意到周围存在的安全信号，这有助于我们在应对强烈情绪和焦虑想法时找到一个"锚点"。

可考虑以下让自己稳定下来的策略：

- 5-4-3-2-1 技巧：留意周围五件你能看到的事物、四件你能触摸到的事物、三件你能听到的事物、两件你能闻到的事物以及一件你能尝到的事物。
- 将双手合在一起揉搓，留意温热的感觉以及触摸的感受。
- 渐进性肌肉松弛法有助于让你感知自己的身体。
- 用冷水、冰块或冷毛巾进行冰敷，尤其是放在脸颊和颈部周围，研究表明这对心率变异性影响最为显著。专注于寒冷的感觉，进一步让自己镇定下来。

第四步：放松进入绿灯模式

完成第一步到第三步后，刺激腹侧迷走神经并让自己恢复到绿灯模式应该会更容易些。以下一些技巧可能看起来非常简单，还涉及重复你已经尝试过的练习。如果你不习惯关爱自己，一开始可能会忍不住想要停下来；如果你发现自己因此变得烦躁，那就返回去，重复第二步到第四步。

我建议试着掌握一种舒缓的呼吸练习。这是向身体传递平静信息的最快捷、最有效的方法，因为它们会启动迷走神经制动机制（见下文）。

舒缓呼吸练习

迷走神经制动机制就像是我们心脏的起搏器：根据不同情

境的需求，加快或减慢我们的心率。在黄灯模式下，心率不仅会加快（因为这是一种紧急状态——需要快速行动！），而且更加不稳定。迷走神经制动机制会使心率再次下降，恢复规律的节奏，进而让身体回到绿灯模式。

那么，既然心脏在无意识状态下自动跳动，我们要如何主动选择启用迷走神经制动机制呢？幸运的是，我们的身体有一项内在功能，尽管大多数时候它是自动运行的，但也能受我们有意识的控制，这个功能就是呼吸。

控制呼吸是我们启用迷走神经制动机制最有效的方法。缓慢、有节奏的呼吸能减缓心率，让心跳间隔更规律，从而改善进出肺部的气体交换（氧气吸入，二氧化碳排出）。这意味着我们能排出更多废物，进而提高输送到各器官的血液质量。有了充足的"燃料"，大脑能更清晰地思考，所有这些都向身体传达出我们现在很安全的信息。

当用心率监测仪追踪一个感到压力的人的心率时，心电图线条看起来像锯齿状的山脉，有高峰有低谷，且模式很不稳定。然而，如果你让他进行三分钟舒缓的呼吸练习，心电图线条会平静下来，变成柔和的波浪状。它变得规律，不再那么尖锐，心跳也稳定在一个中等范围。⊖

心率模式并非只有在惊恐发作时才会像杂乱无章的心电图那样。即使是轻微的压力，也可能导致你屏住呼吸或身体紧张，从而引发不规律的呼吸。

⊖ 图片由 HeartMath®研究所提供——网址：www.heartmath.org。

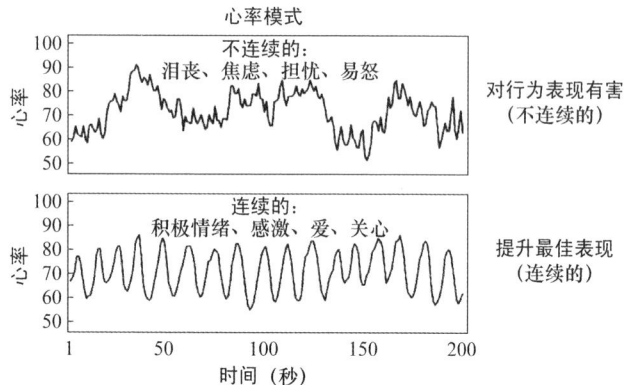

我经常建议来访者在刚开始进行呼吸练习时，下载一款呼吸生物反馈应用程序，以此保持练习的动力。这些生物反馈工具能让我们知道身体内部发生的情况，并判断我们的努力是否有效。这些应用程序需要访问手机的摄像头和手电筒。

• HeartMath：它会为你提供一个心律基线分数（称为"相干性分数"），并引导你完成呼吸练习，这样你就能实时看到练习对分数的影响。你可以免费试用一周的"相干性训练"，也就是呼吸练习，他们建议每天做五分钟。

• The Self Compassionate App：这款应用有一个免费的生物反馈呼吸工具，配有清晰的操作说明，在三分钟的练习过程中还有轻柔的音乐相伴。该应用还包含一个"同情心课程"，这是一项额外付费资源（我强烈推荐，但它与呼吸工具是分开的）。

三个呼吸练习

呼吸练习种类繁多，但没有一种适用于所有人。关键在于尝试不同的练习，找到一种让自己感觉舒适的方法，这需要一段时间才能适应。如果在尝试之后，你仍然觉得难以进行呼吸练习，可以查看下文的帮助框内容，获取更多指导。

要充分发挥呼吸练习的作用，有三个主要原则：

1. 尽可能用鼻子吸气，用嘴巴呼气。
2. 呼气时间比吸气时间稍长，这样对迷走神经制动机制的调节效果最佳。
3. 保持均匀的节奏：每个呼吸周期应保持一致，比如吸气 3 秒、呼气 5 秒，然后重复；或者吸气 4 秒、呼气 6 秒，再重复。

- **手指呼吸法**：一种简单的计数呼吸方法。我喜欢这种方法，因为你可以在工作时或在学校的课桌下悄悄练习，而且如果用双手进行，结束时你肯定至少完成了十次缓慢呼吸。将左手伸到面前，用右手食指沿着左手每根手指移动，沿着手指向上移动时慢慢吸气，向下移动时呼气。
- **腹式呼吸或深度腹部呼吸法**：现在做一次深呼吸。身体哪个部位动得最多？如果是肩膀，那说明你目前不是在用横膈膜呼吸，即你的呼吸较浅。横膈膜是位于肺部下方的一片软骨。当我们进行深呼吸时，横膈膜应该下沉至腹部，为肺部提供更多扩张的空间，从而为氧气和二氧化碳的交换提供足够的空间。随着年龄增长，我们的腹部肌肉往往会更紧张，这就阻碍了这种呼吸方式。

要进行深度腹部呼吸，需要找个地方坐下或躺下，将一只手放在腹部，另一只手放在胸部。想象你体内有一个气球，你正轻轻鼓起腹部，给气球留出膨胀的空间。这种轻柔的动作会将空气通过鼻子吸入，所以注意力应集中在腹部的膨胀上，而非吸气这个动作本身。

- **循环叹息呼吸法**：这是美国神经科学家杰克·L. 费尔德曼（Jack L. Feldman）提出的一种相对较新的呼吸练习。2023年的一项研究表明，当我们处于黄灯或红灯模式时，这种方法是让我们平静下来的最快方式之一。该研究的作者之一、神经科学家安德鲁·休伯曼（Andrew Huberman）提倡在压力实时加剧时使用这种练习，也就是说，当你即将去做一些非常令人焦虑或压力巨大的事情时，你可以用它来让自己足够镇定，以便继续下去。

用鼻子吸气。当你感觉肺部舒适地充满空气时，再吸最后一小口气让肺部更充盈。接着，通过嘴巴慢慢呼气，直到肺部再次排空，这能最大限度地排出体内的废物（二氧化碳）。重复这个过程。建议每次练习持续五分钟，你可以逐步增加时间达成这个小目标。

解决呼吸练习中常见障碍的方法

- **头晕**：当你开始进行更深度的呼吸时，额外吸入的氧气可能会导致头晕这一副作用。这并不危险，但你可能会发现坐着或躺着进行练习会更舒服。

第五章 如何让你的神经系统进入绿灯模式

- **练习无效**：要克服在黄灯和红灯模式下身体已然形成的惯性反应，你需要定期练习这些呼吸法，理想情况下每天练习不止一次。刚开始时，在绿灯模式下练习可能会对你有所帮助。

- **反而更焦虑**：如果你不习惯关注自己的身体，当你开始留意身体状况，突然察觉到自己胸部有多紧绷或者肌肉有多紧张时，可能会感到一些焦虑。这并不一定意味着你的情况恶化，只是表明你现在注意到了之前未察觉的问题。通过练习，这些问题应该会逐渐减轻。当然，如果你有哮喘或慢性阻塞性肺疾病（COPD）等与呼吸相关的身体问题，专注于呼吸可能会引发不适，此时你或许可以尝试本章中的其他方法。

- **节奏过快**：由于处于黄灯模式时那种紧迫感，你可能会呼吸得太快，无法达到预期效果。计数的方法有助于你调整呼吸节奏，你可以在每个数字之间加词，比如"一只大象""两只大象"等。

- **注意力涣散**：如果你过去经历过严重的创伤，呼吸练习带来的身体节奏放缓可能会过度，导致你陷入红灯模式的"关闭"状态。某些创伤经历对身体的影响极大，以至于幸存者难以信任自己的身体。像呼吸练习、特定姿势或触碰等都可能引发不适。这个问题可以通过非常温和的方式解决，但你可能需要额外的支持。

战胜倦怠
在身心透支之前，掌控你的神经系统

舒缓手部练习

在进行呼吸练习之后，双手是你可利用的最能带来舒缓感的工具之一。当你将手放在皮肤上时，身体会释放催产素。如果你将手放在腹侧迷走神经聚集的部位，还能额外获得轻柔刺激这些神经丛的益处，进一步增强对身体系统的舒缓效果。在进行这些手部练习之前，先搓搓手，这样再把手放到身体上时，手会温暖舒适。

最好尝试所有这些练习，因为你可能会发现自己更偏爱其中一种，或者喜欢按顺序依次进行：

- 将双手放在心脏部位，停留几分钟。施加足够的压力，让自己感觉舒适。尝试不同程度的压力，看看哪种感觉最佳。或者，你可能更喜欢让双手悬停在心脏上方几厘米的位置，感受双手下方空气中的热量。在做这个动作时，想象同情（温暖与善意）流入你的内心。

- 一只手放在额头，另一只手放在头骨底部、脖子顶端的位置（枕骨部位）。保持这个姿势，直到抬起的手臂感到疲惫，或者如果你愿意，也可以交换手臂位置。同样，你可以闭上眼睛，帮助自己专注于这种感觉。

- 一只手放在额头，另一只手放在心脏部位。保持这个姿势，直到抬起的手臂感到疲惫。

- 一只手放在心脏部位，另一只手放在腹部，保持一段舒适的时间，直到你开始感受到效果。你也可以将这个动作与腹式深呼吸结合起来。

- 一只手放在尾骨（脊柱末端，对神经系统至关重要），另一只手放在枕骨部位。保持一段舒适的时间，直到你开始感受到效果。

你可以试着在练习这些手部动作的同时，加上一句让人平静的话语或短语。关键是要找到能让自己接受的安抚性措辞，过于积极的陈词滥调不太可能起到作用。放软语调、放缓语速，能进一步激活绿灯模式下的社交参与系统。你可能会发现，使用过去从关心你的人那里听到的话，或者你对自己关心的人说过的话，会很有效。我最喜欢的四句是：

- "我已经尽力了。"
- "一切都会过去的。"
- "这不是紧急情况。"
- "我很安全。"

舒缓轻拍练习

双侧刺激是指快速交替激活大脑的左右半球。当我们进行一项需要运用身体左右两侧的活动时，就会产生这种刺激。比如在骑自行车、散步、慢跑、游泳甚至编织时，你自然而然地就会进行双侧运动。

双侧刺激被应用于一种名为"眼动脱敏再处理疗法"（EMDR）的循证疗法中，通过眼球运动、轻拍或耳边的蜂鸣声来实现。EMDR适用于克服创伤和焦虑。双侧刺激能加速处理创伤的能力（更新创伤记忆在神经系统中的存储方式）。

当我们移动时，眼睛会来回转动。研究表明，这种双侧激活能充分抑制大脑的威胁反应，这样我们就不会每次遇到潜在威胁时都僵住。所以我们既能保持足够的警觉，又能有足够的行动自由去面对问题，而不是选择逃避。

如何进行双侧刺激练习

这个练习有几种方式。最简单的是，如果你坐着，可以轻拍膝盖；如果你站着且不想引人注意，可以把手放进口袋，轻轻拍打大腿上部。

在眼动脱敏再处理疗法中，我们教授一种叫"蝶式拥抱"的方法：双手向前伸出，掌心朝向自己，一只手交叉到另一只手前面，拇指勾在一起。然后将双手放在胸前，手指尖靠近锁骨位置。现在你可以开始轻拍了。一只手拍完，换另一只手拍，不要同时拍。

当你通过轻拍来让自己平静时，我建议拍慢一点，如果感觉不舒服，或者引发了不愉快的感觉或画面，就停下来。你可以使用"一只大象，两只大象"的计数来控制节奏。一旦找到让自己舒缓的节奏，就不用再重复这些词了。尝试练习一至三分钟。

结合可视化的轻拍练习

就如同自然风景的画面能刺激神经系统，让你仿佛身临其境一样，那些能给你安全感的特定人物或动物的画面，也能起到同样的刺激作用。你可以通过回想一个对你来说很特别的地方，构建出一个能让自己平静的画面。常见的选择有海滩、林地、与宠物相伴，或者进行某种能带来愉悦感的运动，比如骑自行车、游泳或跳舞。

当你在脑海中想象这个心仪场景时，专注于你"看到"的东西，以及与这个地方相关的气味、声音，还有移动或"触摸"诸如沙子、水、草地或动物毛发等事物时的感觉。一旦你感觉更平静了，留意身体的这种感觉，然后加入缓慢的双侧轻拍动作。在尝试于红灯或黄灯模式下运用这种方法之前，你需要在绿灯模式下练习几次。

舒缓交叉爬行练习

交叉爬行练习是指任何涉及跨越身体中线的动作。这类动作能够激活大脑的左右半球，因此除了具有双侧刺激的益处外，还能增加运动强度，帮助释放多余的应激激素。但如果你患有高血压或有背部问题，可能不适合进行此项练习。若属于这种情况，请先咨询医生。

抬起左臂，然后抬起右膝，同时将左手放下触碰右膝。换身体另一侧重复此动作。持续练习，直到你感觉消耗了一些能量，并且开始感到适度的疲劳。

渐进性肌肉松弛法（PMR）舒缓紧张肌肉

当你收紧肌肉并保持一会儿然后放松时，就会释放出因压力而在肌肉中积聚的所有紧张感。因为在绿灯模式下，你的肌肉处于自然放松状态，所以在进行渐进性肌肉松弛练习时，神经系统向大脑传递的信息就是危险已经过去，可以恢复到休息状态。

具体做法如下：

1. 找一个安静的地方躺下或坐下，确保不会被打扰。
2. 设定目标，在这个过程中始终专注于自己的身体。如果思绪开始飘忽/分散，轻轻地将它引导回你所关注的肌肉上。为此，先做五次缓慢、有节奏的呼吸。
3. 当收紧一块肌肉时，专注于紧张的感觉，然后是放松的感觉。
4. 依次活动以下几组肌肉，每组之间停顿，做两到三次缓慢呼吸：

- 双脚和脚趾（蜷缩起来）
- 小腿肌肉
- 大腿和臀部
- 腹部肌肉
- 肩膀（挤压并向上耸起）
- 手臂和手（握拳，双臂向身体收拢）
- 脸部（皱起脸）

5. 最后，全身紧绷，再让身体完全放松。

> **献给未来自己的礼物**
>
> 当你处于平静状态时,你可以为未来的自己准备一份很棒的礼物——一个"舒缓包",里面装着在你不堪重负时能让身体系统平静下来所需的所有物品。如果你希望在外出时携带一个小巧且不显眼的容器,可以用旧眼镜盒或铅笔盒;要是放在家里,用一个盒子就行。
>
> 以下是一些适合放进包里的物品建议:
>
> ● 把本章中的步骤写下来,这样当你思维混乱难以做出决策时,就有参考。
>
> ● 记录下你最喜欢的呼吸练习、手部舒缓练习以及镇定练习,作为提示。
>
> ● 能让神经系统感到安全的感官物品,比如让人平静的照片或图片、香薰或精油(如薰衣草或类似的)、解压小玩具、毛绒玩具、耳机以及一个播放音乐的设备。
>
> ● 写下应对困境的语句,用来提醒自己神经系统已被激活,这种情况会过去,你会没事的。

开始恢复到绿灯模式的迹象

你处于舒缓的绿灯模式时,状态比红灯和黄灯模式更为微妙。可能很难察觉到,但如果你处于绿灯模式,你可能会发现诸如满足、安静、平静、安宁、休息、放松、平和、惬意、舒适、静谧或自在这类词，能与你的感受产生共鸣。

你或许还会觉得自己与周围环境的联系更为紧密。如果是从黄灯模式进入绿灯模式，你的紧迫感可能会开始减轻。或者，你是在红灯模式之后进入绿灯模式，你可能会感觉精力在慢慢恢复。随着你开始能更好地运用理性思维功能，比如能够从不同角度看问题并解决问题，你的思维节奏或许也会改变。从身体方面来说，你可能会打哈欠，或者注意到消化系统恢复运作，听到肚子发出咕噜声。在社交方面，你可能会觉得自己更有能力与他人交流，或者更愿意寻求帮助。

如果我无法恢复到绿灯模式怎么办？

重要的是要记住，人类是复杂的个体；心理调节工具并不像简单地拧紧水龙头止水那样立竿见影。失调的神经系统需要持续且温和的呵护与关注，假以时日，各状态间的转换才会变得更顺畅、更容易。

要实现这一点，我在此介绍的方法需要定期重复进行。这包括在你状态并未失调的时候，也就是当你已经处于绿灯模式时也要练习，因为这是开启练习的最佳方式（就像通过锻炼来增强肌肉力量一样）。每天运用这里提到的方法进行练习，能帮助你在需要策略性地运用它们时，更轻松地做到。

将这些策略融入日常生活的一个有效方法是"习惯叠加"，即把新习惯与你已经定期做的事情结合起来。例如，我在早上煮咖啡的时候，会进行四分钟的舒缓呼吸练习。

请记住，每个人都是独一无二的。你对这些方法（或其他方法）的反应，会受到你过去的经历以及当前所面临压力的影响。如果你在童年时期遭受过严重创伤，那么早期专注于身体的练习可能会特别棘手，你可能需要更多的支持。

何时深入采用基于身体的方法以及如何去做

当你尝试了上述练习后，如果仍然感到麻木或恐慌，注意力涣散的情况没有改善，或者出现了一些意想不到的不适体验，如恶心、喉咙发紧或身体疼痛，这些都表明你的身体承载着大量创伤。这种创伤可能潜藏在你的倦怠情绪之下，使你感觉更糟，或难以好转。我们在治疗过程中经常看到这种情况。有人因倦怠之类的问题前来寻求帮助，经过温和的探索后，他们会意识到存在一个之前未曾察觉的潜在问题。

有一些深度关注身体的治疗方法，能够释放身体中积压的创伤，改善迷走神经张力。由于相关研究尚新，目前这些疗法尚未被英国国家卫生与临床优化研究所（NICE）指南推荐，但已有研究显示出良好的效果。我会在第四部分介绍其他心理治疗方法，不过，如果你认为自己能从更多基于身体的练习中获益，以下是一些选择。

创伤释放练习

创伤释放练习（TRE®）是一套由七个动作组成的练习，旨在引发深层肌肉的振动，以释放累积的紧张感，助力神经系统恢复平衡。练习由专业人员指导，过程会让人感到愉悦且舒缓。该练习既可以一对一进行，也能在团体工作坊中开展。

创伤知情瑜伽

有研究表明，常规的瑜伽练习相较于其他运动（如常规的散步），对焦虑的缓解作用更为显著。创伤知情瑜伽包含与常规瑜伽相同的动作，但指导方式更具引导性，而非直接指令式。这让你有机会倾听身体的声音，以一种舒适的方式活动身体；同时也能增强你的自主选择感，正如我们之前所提到的，这对于恢复安全感至关重要。

体感经验疗法

体感经验疗法（somatic experiencing®）侧重于感知并回应身体的感觉，并遵循特定的框架来帮助你释放身体中潜藏的任何创伤。越来越多的证据表明，这种方法不仅能帮助符合心理健康诊断标准的人群，还有助于增强心理韧性（即以健康的方式应对压力的能力）。

第二部分

驱使我们走向倦怠的力量——以及我们是如何陷入其中的

在与出现倦怠症状的来访者打交道时,我们会探寻导致他们产生相关应对行为(如过度工作或承担过多责任)的经历和信念。当他们清醒地意识到驱使自己做出这些行为的因素后,就有可能为自己不堪重负的神经系统着想,并且即使困难重重,也有动力坚持采用改善这种状况的方法。

信念是在人的一生中逐步形成的,始于童年时期,通过从周围环境接收的各种信息塑造而成,这些信息来源包括文化、重大及微小创伤、照顾者的影响。在心理治疗过程中,我们往往会发现,每一个倦怠案例的背后都存在着外部压力与内部压力的共同作用。意识到内部压力及其根源,能让我们摆脱那些导致倦怠的不良应对模式。

第六章和第七章的内容为在第八章中将所有内容整合起来,制定出摆脱倦怠的路线图奠定了基础。

第六章
理解过往经历，串联生命中的关键点

苏拉杰热爱自己在建筑设计公司的工作。该公司在可持续发展领域的理念与他高度契合，项目本身的创新性持续激发着他的专业热情。尽管他还是个初级员工，但他已经能想象自己有朝一日成为公司合伙人的前景，这种抱负支撑着他频繁熬夜工作。

他知道，早上冥想能让自己思维更敏捷、心态更平和、工作更高效。他还采用了时间区块管理法（把一天划分成不同的时段，专注于不同的任务），这有助于他管理工作量，还能腾出时间在午餐后出去散步。在进展顺利的日子里，他会坚持这套日常安排。但一旦有客户要求额外的设计修改，或者同事请他帮忙，他就觉得自己无法坚持自己的事务优先级，会一头扎进"做事模式"，觉得所有事情都十万火急，直到回应完所有请求。而这又让他对自己积压的个人待办事项焦虑不已。

当我们一起探讨这个问题时,他意识到这种情况是由对他人负面评价的过度敏感与根深蒂固的自我否定感所引发的。然而,公司里的每个人都说他工作效率高,而且做事很用心。那么,为什么他觉得自己无法坚持自己的计划、让别人等上一天呢?为什么他总是为他人的事肝脑涂地?

我们的经历是如何影响内部压力的

一定程度上,我们对诸如邮件、请求和机遇等日常事务的应对,受早年生活经历的影响。苏拉杰成长过程中,父母对他及其职业生涯寄予厚望。当他没能取得班级顶尖成绩时,父母就会明显流露出失望之情,所以他努力学习,以免让父母不开心。然而,当他确实取得好成绩时,得到的不是赞扬,而是被叮嘱不要炫耀,以免惹能力稍逊的弟弟不高兴。因此,他逐渐产生了两大主要担忧:担心别人对他吹毛求疵,以及担心自己不够优秀,而这些担忧共同构成了他的完美主义行为的心理引擎。

我们的信念

为了在这个世界生存,我们需要了解世界的运行方式以及自己在其中所处的位置。因此,我们的大脑就像"意义制造机":这些意义(也就是信念)围绕着我们自己、他人以及整个世界。它们影响着我们对发生在自己身上的事情、身边的人以及自身的想法和感受所做出的反应。

我们不断从周围环境和所经历的事件中吸收信息，并将其整合，相应地更新我们原有的信念。这能让我们尽可能地好好生活。来自外界的信息可能是直白表述的（例如"你让我失望了"），也可能是通过我们周围人的行为或对待我们的方式含蓄传达的。例如，如果你的父母从不主动邀请你一起探讨交友方面的问题，这其中隐含的信息就是"人际问题必须独立解决"。这就会导致你在成年后形成一种信念，使你在需要社交支持时，因害怕被视为负担或失败者而不愿寻求帮助。

我们身体的"记忆簿"

经历不仅影响我们的信念，还会形成记忆。当人们提及"记忆"一词时，往往指的是某个事件的视觉或叙事部分，这被称作"外显记忆"，但这只是记忆的一部分。记忆还会以一种我们无意识选择的方式，编码在我们的身体和情感脑区中，这就是所谓的"内隐记忆"。积极的内隐记忆源自那些让你感到安全的事件，比如，烤着最喜欢的饼干时散发的香气，轻抚头发的触感，祖父母厨房里的壁纸。

内隐记忆会迅速告知神经系统某种情况是否安全。这种学习方式在那些令人厌恶的事件中尤为强烈，比如小创伤或大创伤，因为生存依赖于快速获取记忆，以判断当前情况是否与先前的威胁事件相似（进而判断是否有风险）。

成年后，当特定的人、要求或情境引发强烈的情绪反应或应对模式时，我们可能会注意到内隐记忆突然浮现，而这些都可能导致我们出现倦怠行为。例如，也许你多次打算晚上6点下班，但当你收拾东西时老板挑起眉毛，这让你想起母亲以前啧啧批评你的情景；你变得紧张起来，结果你因为惯性身体记忆又在办公桌前加班了两个小时。

在心理治疗中，我们会追溯到最初的个人经历，因为早期生活在塑造我们神经系统的反应以及形成重要的内隐记忆方面尤为关键。

我们的依恋关系

依恋是我们婴儿时期与主要照顾者之间形成的情感纽带；通常，这些照顾者是父母、祖父母或其他深度参与我们成长过程的成年人。

由于婴儿无时无刻不在寻求情感连接——他们的生存完全依赖于照顾者的回应——当他们察觉到情感连接的缺失（比如缺少眼神交流、看到愤怒或冷漠的面部表情，或是不被倾听、关注），就会感到不安和痛苦。

婴幼儿需要主要照顾者察觉到他们的需求，并给予恰当回应，这既能在当下安抚他们，还能教会他们日后如何自我安抚。

然而，婴儿无法理解自己到底有什么需求，因为他们刚接触自己的身体，对世间的体验也才刚刚开始。他们只能模糊感知到"舒服"或"不舒服"。照顾者必须先弄清楚婴儿的需求，才能做出恰当回应。这是一项颇具挑战性的工作，而他们的回应方式既取决于自身理解孩子需求的能力，也受当时主流育儿观念的影响。他们理解孩子需求的能力还会受到诸多因素的影响，比如自身的心理健康状况、对工作、财务、生活琐事的操心和担忧、是否使用药物或酒精，以及他们满足自身需求和自我安抚的能力。

通常，照顾者回应你需求的方式会引导你形成一套反应模式，以最大化与他们在一起时的安全感。如果经常听到诸如"别犯傻了，那不值得哭"这类轻蔑的话语，可能会让你产生一些应对反应以避免无价值感，比如不在他人面前哭泣，或者对负面事件保持沉默。

这些关系模式被称为依恋类型，它们也影响着我们成年后与朋友、同事、亲戚和伴侣的互动方式。早期社交关系中那些安全或危险的信号，会影响我们对他人的安全感和信任感，以及当他人接近我们或对我们有所要求时，我们的回应方式。归根结底，我们的神经系统寻求与他人建立联系，以获得归属感、认同感和价值感，这些都等同于"安全感"。但不安全的依恋类型会让这变得具有挑战性，促使我们时刻留意危险信号，进而导致压力不断累积。

这些模式会给我们与他人的关系带来困扰，除非我们意识到它们的存在，并知道如何应对。而且，它们还可能与倦怠相关。当我们经历情感痛苦时，工作就成了一个很好的避风港，能让我们从那种不被关注、没有价值、被拒绝或不够好的不适感中转移注意力。我们的依恋类型影响着我们与周围人，如伴侣、亲戚和同事，建立和维持有益社交关系的能力。具有不安全依恋类型的成年人，在自我安抚方面可能也缺乏健康有效的方法。他们可能更习惯处于压力状态，因此会觉得这种状态可以接受，不值得去干预。

重要的是要知道，心理干预（比如本书中讨论的那些方法）可以帮助改变与依恋相关的不良应对模式。此外，作为成年人，你可以通过自我探索，以及洞察自己为何会被迫以特定方式做出反应，从而获得安全型依恋。在成年后，学习新的自我安抚技巧，并与朋友和伴侣建立健康的关系是完全有可能的。

不安全的依恋类型

不安全的依恋类型有三种。查看下列描述中哪一种与你相符。如果你希望对自己的依恋风格有更多了解，也可以上网搜索"成人依恋问卷"。

轻视型/回避型

当照顾者在满足孩子需求时表现得反复无常，尤其是对孩子的需求不屑一顾或视而不见时，孩子就会产生这种模式。例如，当孩子寻求情感联结时却无人回应，只能独自面对问题和强烈的情绪。被忽视或拒绝的感觉对他们来说并不陌生。具有这种主要依恋风格的成年人往往表现出以下特征：

- 害怕在亲密关系中被辜负，因此刻意保持疏离的社交距离，只维持表面关系。
- 尽量弱化或忽视自己的压力水平，压抑这些感受，继续埋头苦干。

- 比其他人更独立，因为自给自足是他们很早就养成的技能。这可能是一种优势，但也会让他们很难相信别人会在自己需要时不令自己失望。
- 有很强的竞争倾向（将自己与他人比较、关注进步情况、设定高标准等）。

对倦怠的影响：如果你在自己身上发现了这种依恋风格，不妨思考一下，当你开始与某人亲近时，是如何竖起屏障的。具有这种依恋风格的人更有可能过度投入工作，牺牲家庭生活。我有一位来访者，他觉得如果和伴侣相处时间过长，就会觉得对方"令人窒息"，而且在周末更有可能发生这种情况，因此他会感觉更加焦虑。在工作日，他会工作到深夜，这让他疲惫不堪。工作成了他逃避亲密关系的方式。学会接纳自己的情绪、坚守自己的价值观，并与伴侣沟通自己在这段关系中的需求，是他恢复状态的关键步骤。

不健康的竞争心理往往与被拒绝或被忽视的经历有关，这会导致过度的奋斗行为，同情研究专家保罗·吉尔伯特（Paul Gilbert）称之为"不安全的奋斗"：即使在某些情况下，从逻辑上讲，某人知道自己并不低人一等，而且实际上很有能力，但对过去那种低人一等感觉的恐惧，仍可能引发这些竞争奋斗行为，以避免再次体验那种恐惧。这种行为模式令人疲惫不堪，与那些具有安全型、非奋斗型行为的人相比，这类人更容易出现焦虑和倦怠等问题。

迷恋型/焦虑型

具有这种依恋风格的人，其照顾者很可能无法始终如一地满足他们的需求,对于孩子该做什么传递出相互矛盾的信息,或者无法始终如一地安抚他们。有时照顾者过度保护,自己却不堪重负。孩子察觉到照顾者的焦虑,并被卷入到照顾照顾者的角色中。成年后,这意味着你可能会:

- 对他人的需求高度敏感,并且觉得自己对这些需求负有责任:这导致你会讨好他人,以此减少你在乎的人陷入苦恼的可能性。
- 对问题高度警觉或敏感,因此常常处于一种轻微警觉状态,以便随时迅速做出反应。
- 难以忍受问题悬而未决,从而对问题过度反应;这会引发更多类似"战斗"的黄灯模式行为,比如反复确认、寻求安慰、试图迅速解决问题。
- 由于缺乏安抚策略且过度警觉,从高压力状态中恢复过来需要更长时间。

对倦怠的影响:不安全的奋斗心态在这种依恋风格中同样存在。但在回避型依恋风格的人身上,它会引发竞争心理,而在焦虑型依恋风格的人身上,更有可能引发讨好他人的行为:努力让别人开心。讨好他人是倦怠者即使已无力付出,仍继续答应各种要求的关键原因,而且当他们试图给自己留出必要的休息时间时,会感到极度内疚。

通常,有这种依恋风格的人认为自己的自我价值取决于满足他人需求的程度,并且如果他们无法有效地做到这一点,就会感到痛苦。例如,桑迪是一位焦虑母亲的长女。在心理治疗中，我们着力解决她对兄弟姐妹过度膨胀的责任感问题，比如，她一周中大多数晚上都会为家里所有人（都是成年人）做晚餐，还常常会迎合他们的饮食喜好。

有这种依恋风格的人更倾向于同时处理多项事务——既要负责自己的事情，又要留意每个人的情绪（并受其影响），这加剧了情绪上的疲惫，然后还要预判他人的需求，并且常常牺牲自己的时间和精力来满足这些需求。要设定界限似乎非常困难，因为他们觉得如果自己说"不"，就要负责应对周围人的负面情绪。事实上，对一些人来说，"不"不只是一个棘手的词，还会让他们感到极其不安，以至于几乎不可能说出口。

恐惧型/紊乱型

若照顾者时常表现得可怕、令人困惑、施虐或行为反复无常，孩子可能会倾向于形成紊乱型依恋风格。他们不得不独自应对情感虐待与忽视，或父母反复无常的行为，并学会了独立处理强烈的情绪。这种情况可能延续至成年，面对负面情绪时，可能会采取混乱或高度回避的策略，同时对拒绝和抛弃怀有强烈恐惧。由于过度暴露于创伤经历中，他们对他人情绪高度敏感，更易将面部表情误读为拒绝或批评的信号，因而常误以为自己惹恼了他人，即便事实并非如此，或者无端觉得别人在生自己的气。基于这些情况，他们的行为往往充满矛盾：比如主动寻求与他人建立联系，但当开始感到亲近时，又会不堪重负、心生恐惧，进而再次退缩。

对倦怠的影响：这种依恋风格中，还有一种额外的深切恐惧，即害怕被抛弃，这促使他们做出一些行为来避免这种情况，比如努力工作、讨好他人，试图通过成就或升职、证书等外部证据来证据自己的价值。不幸的是，对于具有这种主要依恋风格的人来说，与他人亲近往往不会带来安抚感；相反，这可能会引发更多对受伤的恐惧，所以通常会出现这样的模式：努力与他人拉近距离，而一旦实现，又会因恐惧而退缩。此外，他们可能难以借助健康的习惯来应对高压情况，因为童年时未曾习得这些。事实上，他们甚至可能认为自己不值得自我关怀或他人的照顾，因为童年时未曾得到过。这使得他们不太可能表露自己的糟糕感受，而寻求支持几乎更是不可能的事。这种依恋风格的人，更可能已经学会了在情感上与强烈情绪保持距离。

与这种依恋风格相关的一些应对策略，虽然在当下能有效地帮助渡过难关，但却与长期的个人目标相悖，比如借助物质（如烟酒、药物等）、购物、沉迷刷负面信息以及自我伤害等方式。这些往往是对强烈情绪或压力的冲动反应，但事后会让人对自己感到失望。这种情况下，他们内心会形成一个自卑的恶性循环，因为这些行为之后往往伴随着自我批判的想法，这会加剧他们的负面情绪，而当他们感觉更糟时，就会感受到情感上的痛苦，然后他们又会通过更多不健康的回避策略来逃避这种痛苦。

安全的依恋类型

当照顾者通常能留意并充分满足孩子的需求时，孩子就会内化一种"自己是安全且被接纳的"认知，从而形成这种依恋类型。这使孩子能够与自身感受建立联系，并学会做出恰当反应。

如果你在成年后具有安全型依恋模式，你会：

- 能够感受到自己值得他人喜爱。
- 当他人试图安慰你时，能够从他们那里获得安抚。
- 更有可能与他人建立适当的边界。
- 当你需要支持时，能够依靠朋友或伴侣，同时当他们反过来依靠你时，你也能承受他们的痛苦。

从神经系统层面来讲，这种依恋类型为你腹侧迷走神经回路的发展提供了最佳开端。照顾者专注且合拍的照料方式，能缓解孩子的痛苦，进而训练孩子的神经系统灵活地调节自身状态（这与较高的迷走神经张力相关）。这使得他们在成年后能更轻松地应对压力，也更容易采取健康的安抚方式。

对倦怠的影响：具有安全型依恋的人同样可能感到倦怠，但他们或许会发现，自己能更早地采用自助策略或寻求帮助。所有人，无论其依恋类型如何，都有一种与生俱来的成就欲，并且会被那些能保障安全感的资源所激励：在现代社会中，这指的是社会地位和金钱，而我们通过学习和工作来获取这些。但在安全型依恋中，人们通常对失败的恐惧较小，并且，无论是否取得特定成就，具有安全型依恋且不执着于过度奋斗的人都能感到自己被接纳。

第六章 理解过往经历，串联生命中的关键点

影响我们倦怠倾向的信息

依恋类型并非影响人们与工作关系的唯一因素。在对来访者进行心理治疗时，我们还会花时间思考我们从周围环境中接收的隐含信息，比如他人的行为方式以及他们关注的事物，这些都会影响我们的信念和内隐记忆。以下是一些常见的例子（但这并非完整清单）。

工作相关信息

在生命的早期阶段，照顾者所示范、赞扬或关注的任何事情对我们来说都至关重要。我们更有可能在无意识中更多地去做这些事，以期获得他们的关爱。在我接触的许多人当中，父母过度工作的行为对他们影响很大，而且当孩子效仿时，父母还会加以赞扬，工作的重要性常常被置于其他事情之上。以希娜为例，她母亲生下她仅仅三天后，就重返忙碌的法律工作岗位。希娜记得，晚上母亲把她哄睡，再去用笔记本电脑工作时，总是显得烦躁不安，吃饭时也会被工作电话打断。这种信息传达出的就是：工作比任何事都重要。这种信息不仅在家里，在学校也普遍存在，学校的排名表以考试成绩为核心，而非学生的整体幸福感。

过度强调工作意味着孩子们失去了玩耍给神经系统带来的益处，而这种益处本可以预防倦怠。玩耍让孩子们有机会练习

从黄灯模式转换到绿灯模式。我和三岁的女儿玩"捉人游戏"时,在某个阶段她会觉得兴奋不已,但随后会突然大喊让我别追她了,因为她处于黄灯模式下的能量突然转变成了一种威胁感,而非乐趣。这时我会给她一个拥抱,安慰说她没事,帮助她恢复到放松状态,增强她的迷走神经张力(这对面对有害压力时的恢复能力至关重要)。

成功相关信息

诺亚因缺乏动力且极度恐惧失败而来寻求心理治疗。他跟我讲了一段回忆,当时他拿着自己本以为值得骄傲的成绩(98分)站在父母面前,却被问道:"那另外两分是怎么丢的?"他还有很多类似这样的事,这些回忆传达的信息很明确:不完美等于失败。

追求成就主要有两种动机:寻求成长和寻求认可。前者与拓展个人知识和技能相关,后者则是处于一种倍感压力的状态,觉得自己不够好,需要证明自己。这一概念源于1998年,由美国研究员兼心理学教授本杰明·戴克曼(Benjamin Dykman)首次提出,他解释说,寻求认可式的成就追求是严苛育儿方式的结果,在这种方式下,完美被过度强调。因此,追求成就成了一种基于威胁的反应,会让人难以顾及自己休息和恢复的需求,因为感觉不够安全,不敢真正去休息。

几年后,美国心理学家卡罗尔·德韦克(Carol Dweck)进一步阐述了这一观点,她提出了固定型思维和成长型思维。固定型思维意味着成功由结果来衡量,对很多人来说,只有拿到 A 级或者满分才算成功。这让我们害怕批评和挑战，因为学习过程中必不可少的试错被视为失败。另一方面，成长型思维则是对学习过程的赞扬，比如勇于尝试、在挫折面前坚持不懈，并且以包容的态度看待错误，将其视为成长历程的一部分。我的诊所里许多过度工作且难以停止过度追求成就的人，普遍成长于秉持固定型思维的家庭，他们常常觉得自己的价值只等同于上一次的成就。这使我们陷入倦怠行为，精疲力竭。

家庭规则信息

家庭中往往存在一些隐性规则，涉及如何（或是否）谈论艰难的情绪或事件、谁是一家之主以及家庭成员间如何相处等方面。以下是一些常见类别供参考：

- 允许享乐，或者不允许享乐。
- 把自己放在首位是自私的，所以不能有界限，或者把自己放在首位是健康的做法。
- 不要表露情绪或谈论情绪，或者也可以有各种情绪——我们能一起面对。
- 你必须表现优秀且完美，或者你可以做真实的自己。

我们会把这些规则带到成年时期，如果行为与这些规则不符，就会感到内疚或不安。如果你成长于一个难以设立界限、难以进行放松活动或难以感受快乐的家庭，那么你就更容易倦怠。

我们在家庭中的位置

出生顺序会影响他人对待我们的方式，以及诸如照顾者的时间、精力和金钱等资源的分配。以下例子呈现的是普遍趋势，大多源于西方研究，因此并不代表所有家庭的情况：

- **长子/长女**：研究表明，家中的长子或长女常常因照顾弟妹而受到赞扬，并且在年纪尚小时就被期望承担更多责任。他们往往承载着父母的希望和期待，也更倾向于顺应这些期望并努力取悦父母。在我的治疗工作中，我发现一个常见的趋势，即长子或长女通常成绩优异、认真负责，会担当领导角色，在家庭中也更受重视。在工作场合，那些需要体现这些特质的岗位（如经理、护理类工作或责任重大的岗位），从业者尤其容易出现倦怠。

- **其他子女**：排行中间的孩子被赋予的责任期望相对较少，因此往往会觉得能更自由地追寻自己的道路。一些弟弟妹妹可能会感觉自己被拿来与哥哥姐姐作比较，活在他们的阴影之下，这可能会让他们感到动力不足，或者产生相反的效果，即促使他们想要证明自己。最小的孩子通常被视为"可爱"的那一个，即使长大后也可能难以被认真对待，这也会让他们想要证明自己。

诸如出生顺序、个人性格、优点和（自认为的）缺点等因素，可能会导致家人给我们贴上各种标签，而且许多家庭往往都会这么做。在我家，我被认为是"理智的那个"，我的二妹是"敏感的那个",我的弟弟则是"风趣的那个"。这些标签的问题在于,它们会限制我们,使人们忽视我们身上的许多其他优点。随着我们长大,这些标签可能会根深蒂固,不仅影响家人对我们的看法,还会让我们内心认同这些标签,认为自己就该如此。这些标签随后会成为我们对自己的期望,以及衡量自身行为是否成功的标准。在审视自己倦怠背后的故事时,这也是一个需要考虑的因素。

家庭社会地位相关信息

在你成长过程中,你的家庭因种族、性取向、残疾、宗教信仰等因素遭受的任何偏见,都会使你的照顾者产生压力和应激反应,进而影响他们的养育方式,同时也塑造了你对自己在世界中的位置和归属感的认知。例如,我曾经接触过的一位来访者告诉我,她的父母经常提醒她,在学校里她必须付出白人同龄人双倍的努力,因为机会对她来说不会那么轻易降临。偏见的经历可以是公然的歧视,也可能是更难察觉的隐性偏见和微侵犯(其中可能包括微侮辱、微否定和微攻击)。被他人轻视可能会导致你为了获得归属感或证明自己而产生过度努力的行为;随着时间的推移,这些经历也会逐渐侵蚀你的自尊心。

丧失与生活落差信息

童年时期的丧失可能包括亲密的人或宠物——这可能源于死亡、疾病或受伤(自己或家庭成员的)、家庭分离、关系疏远或搬到新地方。如果某个人在满足我们的核心需求方面发挥了重要作用，那么这种丧失会让我们感受更为深切。例如，如果密切参与照顾自己的父母、保姆或祖父母离开，可能会让人感到极度难过和困惑，甚至会觉得被抛弃。同样，对于每晚都与宠物同床，靠其温暖入眠的孩子来说，宠物的死亡可能格外难以承受。

"生活落差"指的是我们生活中期望与现实不符的阶段。例如，如果你在青少年时期就被迫承担起照顾家庭成员的责任，你就会错过同龄人享受的社交活动和学习时光，而这些本是你对自己生活的期许。生活落差会带来强烈的失落感和悲痛感。

所有这些都令人痛苦，而人类善于（往往是潜意识地）防范未来的痛苦。一种防范方式是尽可能控制生活的各个方面。例如，那位年轻的照顾者可能会过度保护并为所爱的人承担过多事务，以确保他们不再受到更多伤害。

童年时期的丧失的另一个重要方面是，我们会目睹照顾者如何应对情感痛苦。过去，公开表露悲伤或痛苦常常不被认可，所以我经常发现，那些过度劳累的来访者曾看到他们的照顾者借工作逃避，或用忙碌来逃避感受悲伤。

欺凌带来的影响信息

无论欺凌、歧视和骚扰发生时我们年龄几何，它们都可能产生持久的影响。欺凌可能是身体上或情感上的，也可能是网络上的恶意攻击，可能在现实中发生，也可能在网络上出现。

当当地社区或学校对多样性的接受度较低，或者不重视或不强调同情心时，这类情况更有可能发生。它会让我们感觉被群体排斥，觉得自己不属于这个群体，或者自己天生就有问题。我们应对欺凌的能力，受到来自同龄人、照顾者和教师支持程度的影响。通过言语梳理所发生的事情，我们能够获得不同的视角，帮助我们摆脱那些无益的想法，比如认为这一切都是因为自己的缘故，认为自己不被接受。

遭受欺凌的经历可能会使我们想要证明自己，并通过获得高地位来保护自己，以防未来再次被欺凌。

育儿规范传递的观念

在育儿方式上，存在几种侧重点不同的方法，涉及照顾者应如何进行管教，以及如何支持孩子的情感与认知发展。主流的育儿风格每十年都会有所变化。如今，重点在于情感发展以及学习情绪调节。但在你成长的那个年代，你可能经历过一种强调学业成就的育儿潮流，或是秉持"小孩子要少说话多做事"的观念。

这意味着，即便你的照顾者的出发点是好的，当你表现出强烈的负面情绪时，仍可能会被独自打发到房间里，这传递出的信息是强烈的情绪不被接受，你必须学会独自应对。这样一来，情感连接这一核心需求就被剥夺了，它取决于你是否"表现良好"，而非在你需要时随时能得到安抚，帮你恢复到平和状态。

过度强调外在成功标志（比如学业或体育成就）的一个后果是，人们会觉得休息是需要"挣来"的，而不是将其视为调节自身状态、合理安排节奏的一种手段。

第七章
那些将我们推向倦怠的外部压力

阿尼卡晋升为病房护士长的时候，她的个人生活正处于压力重重的阶段，她父亲身体不适，需要她和哥哥每天照料。所以在投入工作之前，她就已经感到不堪重负。而新职位又带来了诸多无法掌控的突发问题，比如要找到足够的员工以满足最低人员配置要求。在过去几年里，由于长期任职的员工离职，空缺职位又未得到填补，病房的团队精神和凝聚力已经消散殆尽。阿尼卡坚信，是由于在资源和情感支持如此匮乏的情况下工作带来了极大的压力，导致员工生病的情况增多，人员流动也更快。这更让人觉得自己的付出被视为理所当然；至少以前有固定的团队成员轮班时，大家能够相互理解，并且彼此的努力也能得到认可。在这样的工作中，这一点至关重要，毕竟病人因为病情等因素无法与医护人员共情，而高层管理人员往往忽视了这一点。

倦怠的六大风险因素

美国社会心理学家、教授克里斯蒂娜·马斯拉奇（Christina Maslach）的团队在工作场所开展的研究发现，有六种持续存在的外部压力会导致倦怠。不过，这些压力同样也会出现在非工作场合或无报酬的情形中，比如在家里以及社区团体中。

超负荷

要做的事太多，而时间却不够，这是导致倦怠最显而易见的原因，也是与身心疲惫联系最为紧密的因素——而且，深受其扰的并非只有员工。父母、学生、护理人员、学者、运动员以及个体经营者，也常常觉得外界对他们的期望过高，难以应对。

缺乏控制权

对于如何支配自己的时间，几乎没有或完全没有决定权，会让人产生一种强烈的缺乏掌控感。例如，被分配到一个自己不想做的项目，或者所在组织因合并而改变未来发展方向。许多雇主极为注重达成目标以获取资金或让股东满意，这就导致对员工进行过度管理。

在正式工作环境之外，缺乏控制权也包含类似情形，比如不得不去适应他人的计划或期望，感觉自己在家庭、恋爱关系或朋友圈中几乎没有决策权，又或者觉得自己生活在一个混乱无序的环境中。

回报不足

那些需要从事单调工作的岗位无法给人带来成就感，因为它们枯燥乏味；而有些工作等待项目完成的周期漫长，或者你在整个工作流程中只是一个微不足道的小角色，这都会让你觉得自己没有得到重视。护理类的角色，包括长期照顾家人的父母，他们的付出可能得不到太多感激或赞扬，所付出的价值也可能未被充分理解。

当我们参与自己热爱的事情，亲眼见证自己的努力取得积极成果（比如项目完成），或者他人通过表达感激和赞扬认可我们的努力时，我们才会有获得回报的感觉。

社交群体关系破裂

当身边没有由同事、同龄人、管理者或家人组成的支持性社交群体时，我们会感到孤立无援，还会错过相互慰藉、调节情绪、一起娱乐放松的机会，而这些原本都能减轻我们的压力。支持性社交群体还能创造这样的契机：有人察觉到你工作过度的迹象，大家便会齐心协力，防止情况恶化。一个充满关怀的社交圈子，会让人在心理上有安全感，并且能让我们敢于说出自己的不满，这两点对于满足我们的需求至关重要。

缺乏公平

倘若我们目睹不平等现象肆意横行,看到某些人凭借特殊待遇一路顺遂,就会感到愤怒。如果我们无法表达这种愤怒,或者这种愤怒被漠视,就会导致我们对自己所做的事情产生愤世嫉俗的态度。

价值观冲突

当被要求去做违背本心的事情时,就会造成我们价值观的错位。这会让我们时常感觉内心被两种力量拉扯,从而心力交瘁。例如,我在英国国家医疗服务体系担任心理医生时,一方面想花大量时间为来访者的治疗疗程做准备;但另一方面,又想成为一名"好员工",这意味着每周要接待一定数量的来访者。这两种价值观相互冲突,给我带来了持续的压力。

为什么这六个因素如此普遍?

当前的环境和文化中有诸多影响因素,给我们的组织、社区,进而也给我们自身带来下行压力。其中一些因素隐蔽而带有压迫性,我们不太容易发觉。再者,对于看不见的事物,我们很难去质疑。因此,我们将这些压迫性因素传递的信息内化,而这些信息常常催生消极心态,这正是倦怠的一个重要特征。

第七章 那些将我们推向倦怠的外部压力

源自文化叙事的压力

叙事，是对某些概念进行的一般性表述方式，它悄然塑造着我们对事物的认知，因此会让我们将其视为"真实"。我们文化中的主流叙事，常常在不经意间给我们带来难以察觉的压迫。在西方，父权制和新自由主义这两种意识形态，便是许多与倦怠相关叙事的幕后推手。

父权制，秉持男性应当掌权的观念。这会产生对男性和女性的刻板印象，对两性都产生不利影响，因为它给每个人在行为、情感反应和角色方面的可接受标准划定了框架。

新自由主义认为，繁荣取决于个人的自给自足与独立自主，且至关重要的是，过多的监管会妨碍这一点。这种理念下，市场竞争、资本主义（旨在积累财富的社会行为）以及消费主义（强调商品消费）成为社会生活的重要组成部分，深深嵌入我们的生活结构。这就解释了为什么当我们做出违背这些理念的行为时（比如休息，或者选择不购买最新升级产品），会觉得自己像叛逆者或失败者；也说明了为什么我们的生产效率（产出相符的目标和价值）会受到如此严密的监督。

这些叙事影响着社会政策、社会与组织的架构方式，以及我们与工作和休息之间的关系，而后又在营销信息中得到强化。

早在新冠疫情之前就存在一种占主导地位的刻板印象叙事，且在疫情期间愈发强烈，即认为护理人员是"超级英雄"

或"天使"。《护理学术期刊》(*Journal of Nursing Scholarship*)上的一篇文章探讨了这种叙事对护理工作各方面的影响,比如工作条件。文章解释道:"对于那些拥有克服逆境、应对一切困难的超能力的人而言,下意识地,提供安全的工作环境就没那么重要了。"如果护理人员的基本需求在不知不觉中被降格为"可有可无",那么也就不难理解为何高达62%的护理人员声称自己处于倦怠状态了。

这种叙事不仅影响着政客和医院管理者营造安全工作环境的方式,还影响着护士对自身工作经历的认知。几年前,我曾与一位护士共事,她来找我时觉得自己是个失败者,不适合这份职业。当我们一起深入探讨时发现,她将"超级英雄"这一叙事中隐含的不切实际的期望内化了,无意间用它来引导自己面对工作负荷过重和缺乏自主权时的反应。她不是失败者。她只是需要更多休息,需要更多同事来协助她照顾病人,需要排班表能更提前通知,需要更好的员工休息区。所有这些本是再合理不过的人类需求,却被这种叙事所掩盖。

以下是我在与经历倦怠的人进行治疗谈话时,发现的一些更具压迫性的叙事:

- **只有对工作充满激情,工作才有价值**:美国作家兼记者安妮·海伦·彼得森(Anne Helen Petersen)在《躺不平的千禧一代》(*Can't Even*)一书中,举例说明了近年来"爱"和"激情"这类表述是如何与工作交织在一起的。她犀利地揭示了这种观念的破坏性,实际上它等于给企业开了绿灯,让它们能够设立薪资微薄但听起来很有趣的工作岗位,或者提供无薪实习机会。当然,这在原本就存在的学生债务之上又增加了额外的经济压力,而且让人更有可能不得不同时打几份工(一份用来支付账单,另一份则是追随自己真正的"使命"等)。这些都是导致慢性压力的因素。

- **只有有报酬的工作才具有社会价值**:这使得许多隐形的繁重劳动很容易被忽视,不被视为导致倦怠的因素,比如照顾家属、家务劳动、手工制作、情感支持以及学习等。

- **白人种族优于其他种族**:这不仅影响到工作场所,还影响到生活的方方面面,人们对少数族裔群体存在隐性偏见及不同反应。宾夕法尼亚州德雷塞尔大学夫妻与家庭治疗系的肯尼斯·V. 哈迪(Kenneth V. Hardy)教授解释说,种族压迫带来的创伤(比如一直得不到晋升机会和被负面评价)会导致自我贬低,也就是说,个人会觉得自己能力不足、没有价值。再加上种族歧视带来的伤害,会导致从事低薪工作、选择更少、自尊心受损,以及为了弥补这些而过度工作,所有这些都增加了倦怠的风险。

- **男性作为养家者**:当男性无法供养家庭时,这种观念会给他们带来巨大痛苦。如果无法承担起这个角色,他们更容易产生自责,觉得自己失败。这会导致他们不安地拼搏,努力去获取或维持社会地位与经济成就。这一叙事还剥夺了男性表达对工作或职业发展担忧的空间,因为这可能会被视为软弱。我曾接触过一位企业家,他意识到在第二个孩子出生前,他给自己施加了多大的压力。他后悔陪伴家人的时间太少,但又觉得必须要养家糊口。他的倦怠是多重因素累积的结果既包含他无法倾诉的自己与家人的疏离感，也包含这种疏离对他家庭归属感造成的冲击。

- **女性作为照顾者**：这种观念营造出一种感觉，即女性天生就适合扮演照料他人的角色。类似于护士的经历，这可能会减少女性获得情感支持的机会，或者让人忽视她们可能并不想承担这些角色，以及这些角色让她们疲惫不堪。纳戈斯基（Nagoski）姐妹在《倦怠》（*Burnout*）一书中，将此与"人类给予者综合征"的概念联系起来：社会尤其期望女性奉献自我，服务他人。

- **千禧一代是"雪花一代"**："雪花"这个词是一种相对较新的贬义词，用于形容某人过度情绪化、过度受保护，且无法应对反对意见。这种说法尤其针对千禧一代，具有很大的伤害性，因为当这代人试图维护自身权益或提出合理要求（比如要求加薪，这可能有助于防止倦怠）时，这种说法会让他们噤声。这代人步入职场的时期，正值现代史上经济形势最为棘手的阶段之一——2008年金融危机，当时各企业都在设法节省开支。所以，那些让人们更难以开口争取更高薪资和更好工作条件的说法，对于当时试图削减开支的企业来说是有利的。

这些叙事如何导致倦怠

我们将上述种种叙事内化为事实，而不是将其看作对生活的一种解读，并且在不知不觉中把它们当作指导原则和标准，用以衡量个人生活与工作中的自我。这些内化叙事所带来的期望，让我们倍感压力，同时削弱了我们对生活各方面的掌控感，因为我们是在被外部因素牵着鼻子走，而非遵循自己的渴望与需求。

消极思维

不幸的是，这些叙事带来的无意识压迫会在我们的思维中显现，以一种难以察觉和忽视的方式引发消极心态（也被称为内心的批判声）。这就是为什么挑战消极心态感觉像是一场艰苦的战斗——因为我们周围的人和组织也在不知不觉中认同这些叙事，从而使其延续下去。例如，我曾帮助一位母亲挑战她的无益心态，即每当她十几岁的孩子提出要求时，她总是觉得必须立刻放下手头所有事情。通过心理治疗，她学会了设定健康的界限，并认识到这对她的孩子也有好处，孩子们在学会自立的同时，也有了一个脾气好得多的母亲。但她在治疗中常常提到，她因为设定这些界限而被自己的父母贬低，而且她觉得自己与同样身为父母的朋友们谈及处理事情的方式时，显得格格不入。

我们该如何反击呢？

好消息是，看清这些叙事如何给我们施压，能赋予我们力量去挑战它们，方法就是以同情和敏感的态度回应自身的痛苦。当我们不堪重负时，选择休息就是一种富有同情心的回应方式。

综合所有因素，我们也可以将休息视为一种反抗行为，反抗那种驱使我们总是不断生产、消费以及相互竞争的文化拉力。在我们睡觉、读书或者看电视的时候，既能实现对自己的关怀，又能实现对这种不合理文化的反抗！

以下表格列举了我们将各种压迫性叙事内化为消极想法的一些示例，我会在第十一章再探讨应对这些想法的方法。

我们内心将压迫内化的想法	与之相关的叙事	导致我们陷入更深倦怠的可理解的威胁应对方式
为什么别人似乎都能应付自如，而我却不行？	自给自足非常重要 **这一点很关键，因为：** 它让你不愿寻求帮助，也让人们因害怕显得软弱而不愿谈论自身问题	• 与他人隔绝 • 过度专注于自我提升 • 不寻求帮助（尤其是在可能会被评判的环境中，或者你与他人存在直接竞争关系的地方，比如工作场合） • 忽视压力信号，更加努力地去融入他人
其他妈妈/爸爸/照顾者/教师/护士/此处填入你的职业）都比我做得好	我们相互竞争，为了成功必须做到最好。资本主义强调竞争 **这一点很关键，因为：** 它让我们觉得与自己处于相同处境的人对自己构成威胁	• 不安的拼搏行为 • 自信心丧失
因为我没有能力去享受美好的假期/没有房子/没有长期稳定的恋爱关系，所以我是个失败者	成功与你对经济的贡献能力和购买力相关（消费主义繁荣所需） **这一点很关键，因为：** 它完全不重视生活中其他非经济层面对我们的幸福有益的方面，比如有情感联结、享受爱好、感到安全、放松	• 更加努力地工作以证明自己，并试图达到高标准

(续)

我们内心将压迫内化的想法	与之相关的叙事	导致我们陷入更深倦怠的可理解的威胁应对方式
我不能告诉任何人我的感受，因为我不想给他们添麻烦	个人应该自给自足，痛苦是失败的标志 **这一点很关键，因为：** 它阻碍了有价值的情感联结，贬低了社群的价值	- 避免与他人交谈 - 自我封闭 - 独自担忧

竞争意识

各个年龄段的人都面临着经济和情感压力上的"攀比"，比如要拥有最新款的产品，或者达到管理层下达的目标，这让我们感到不安，还促使我们去关注自己和他人的表现。

根据社会比较理论（即我们有一种原始本能，会通过与他人比较来衡量自我价值），在某种程度上，这是很自然的。我们通过与他人比较来评估自身价值，这是我们的祖先为确保自己在社会群体中的安全所必需的，较高的社会地位能保护他们不被群体排斥。这就导致了一种自然的竞争倾向，但它可能会受到上述那些叙事的负面影响。

一些情境因素会扭曲这种自然的比较过程，比如有众多可比较的对象，以及意识到自己与更高层级的差距（即越接近第一名，竞争意识越强）。几年前，我与一位金融顾问合作，他跟我讲述了他和同事每周都会收到一封邮件，其中公布了他们每个人的业务数据，并按优劣排名。这就是为商业目的而操控竞争环境的一个例子，给员工施加巨大压力，以免因排名垫底而蒙羞，进而营造出一种过度工作的文化。

有些环境很容易引发社会比较。例如，在学校时，成绩是一种便捷的比较工具；成年后，某些工作环境中的员工职级划分或层级体系与之类似。但在很多情况下，比如在朋友或邻居之间，并没有这样便捷的比较工具，这时"忙碌程度"就介入来填补这一空白。诸如"我整日忙得脚不沾地"这样的自夸之词，是我们在无意识中确保自我价值和自己在他人眼中排名靠前的举动，因为忙碌意味着我们在产出，因而具有较高的社会价值。当然，遗憾的是，这种忙碌也让我们彼此疏离，使我们无法停下来交流，也意识不到这对我们生活满意度的提升其实微乎其微。

在社会比较中，还有一个与倦怠紧密相关的、更令人痛苦的情况。向上比较（即拿自己与社会地位比自己高的人作比较），本有可能起到启发和激励作用。但处于倦怠状态的人，更倾向于消极看待这种比较，结果会感觉自己更加不足。向下比较（即拿自己与成就尚未达到同等水平的人作比较）在我们处于倦怠时，也会被更消极地看待。这会让我们感觉更糟，因为它引发了一种我们正在退步、正在搞砸一切的想法。一个大多数人都有体会的典型例子，就是社交媒体给我们带来的糟糕感受——当我们状态不佳时，常常会通过刷手机来应对强烈的情绪或逃避压力。然而，恰恰在这个时候，我们会被大量信息冲击，这些信息鼓励我们进行社会比较，而此时的我们最容易从中解读出负面含义。

我们所处的环境助长竞争，这极大地增加了压力，同时减少了我们可获取的资源——与他人富有同情心的沟通、情感支持，以及我们可能因觉得自己脆弱而不愿接受的实际资源。

这会对我们更广泛的社群产生连锁反应。例如，居住在人口密集地区的家长，由于学位竞争更为激烈，在学校门口会听到更多关于阅读水平和中学申请等方面的"攀比"性言论。

加剧我们倦怠的全球性集体创伤

近年来的集体创伤在我们身上留下了印记，即便我们并非时刻都能清晰地意识到这些影响，但它们却如影随形潜移默化地改变着我们的生活与心态。新冠疫情、气候危机、国家间的战争、政治动荡以及针对特定群体的暴力行为，构成了一个充满创伤与不稳定的背景，而我们试图在这样的背景下生活。这些事件让我们为自身安全感到恐惧，或者更普遍地，感到迷茫，进而产生焦虑情绪，对改变或未来感到绝望，对暴力实施者感到愤怒。

我们都直接或间接地受到这些问题的影响。它们影响着决策者，而决策者的决策又影响着我们每一个人。这些问题层层渗透，影响到我们所在的组织为"保障"未来所采取的行动，常常导致削减开支、加强监管，或者在程序和政策上变得更加僵化。我们最终可能会感觉自己像是整日都在忙于应对突发状况，而无法稳步地朝着自己的目标前进。

这一切都削弱了我们的掌控感，正如第四章所讨论的，掌控感的削弱破坏了我们安全感的基础，而安全感正是我们神经系统所追求的感觉。有些人会深入思考这些全球性问题，并为此深感沉重，有一些小方法可以应对这种情况，我们将在第十一章探讨这些方法。

但在探讨应对方法之前，我们要先绘制出你走出倦怠所需的"路线图"。

第八章
摆脱倦怠,重新起航

在经营自己的公司 18 个月后,斯科特觉得日子举步维艰。公司业务蒸蒸日上,但这同时意味着工作量与日俱增,压力也随之而来,而且没有人能帮他分担重大决策,他也得不到精神上的支持。自从放弃了有稳定收入的工作,他觉得自己无法拒绝新的机会,于是,如今的他将全部的时间与精力毫无保留地倾注在了这份事业当中。

在他内心深处,他知道自己有办法应对。他可以抽出一天时间来做季度规划,或者留出时间招聘新人,但他却难以付诸行动。他会在日程表上留出反思和规划的时间,可随后却对提醒视而不见。他忙着给客户提供建议,让他们做出对自己有利的决策。为什么他自己却始终无法下定决心做出决策或采取行动来改善自身状况呢?

究其原因,那些反思的时间让他感到焦虑。从忙碌的工作中停下来，只会让那些不愉快的想法和情绪更加清晰地浮现：

想法：担心如果生意失败，自己会沦为他人眼中的笑柄或遭到批评。

存在自我批判的想法，认为自己应该能够独自应对这一切，寻求支持就等同于失败。

认为授权他人可能会导致工作标准下降，且不知如何应对这种情况。

身体感觉：肌肉紧张、僵硬，身体坐立不安，有紧迫感，难以安坐。

情绪：内疚与焦虑。

如何识别自身的内在压力

在心理治疗中，我们会留意这类负面想法、感觉和情绪，它们就像隐藏在内心深处的"定时炸弹"，作为内在压力，持续不断地驱使着人们前行。我们会依据所发现的这些内容，为来访者制定改善状态的路径。

熟悉自身的内在压力，不仅有助于从倦怠状态中恢复，还能赋予你自我认知，让你在面对外部压力（对此你可能控制力和影响力较小）时，尽可能保持健康的工作方式。

为梳理内在压力，我们首先要审视过去那些塑造了我们的信念和反应的负面事件。这是同情聚焦疗法（CFT，一种通过增强内心安全感和自我同情来改善你与自我关系的心理疗法）

中采用的一种练习；它帮助我们理解过去的经历是如何引发威胁感的，以及当时帮助我们度过艰难时期的应对策略，不过这些策略如今却产生了意想不到的后果或"副作用"，成了导致我们陷入倦怠的"罪魁祸首"。

我们不妨从回顾像我在第六章中概述的那些生活经历入手，涵盖从家庭、学校、人际关系和文化，到工作、疾病以及重大生活事件，比如亲人离世或搬家（见后面图表的第一列）。从这些经历出发，我们可以开始梳理它们所产生的影响。这些经历以何种方式引发了我们内心主要的恐惧呢？（这些恐惧通常分为两类：一类是担心他人会如何对待或看待我们；另一类是对自身内在体验的恐惧，比如负面情绪或身体感觉。）图表的第二列指的就是外在和内在的恐惧。

伴随着这些恐惧，我们迫切想要确保它们不会成真，或者避免它们再次发生，这就是为什么我们往往在童年时期就会形成一些应对策略来保护自己（图表的第三列）。那些在童年时期行之有效的应对策略，往往会伴随我们步入成年，成为我们处理问题的惯用方式。有些策略现在可能依然有效，但停下来思考一下它们是否仍是最佳选择，无疑是非常必要的，因为成年后我们可能有更多的选择，也有更新的经历可以借鉴，我们完全可以借助这些宝贵的人生经验找到其他应对方式。更重要的是，我们过去的保护性策略往往是理解为什么我们难以坚持那些现在可能有帮助的事情的关键，比如自我关怀、设定界限、采用更现实的标准等。

每一个行动都会产生一个结果。有些结果可能是我们预期的——例如，如果你在寻求安慰时得到了安慰，短期内你可能会感觉焦虑减轻。然而，也可能会出现一些我们意想不到的结果，而事实上，这些结果会给我们带来一系列全新的问题——也许你过度寻求安慰的行为让别人不堪重负，对方因此疏远了这段关系，最终导致关系结束。又或许，将项目做到完美的一个后果是，你被要求承担更多工作，然后感觉自己的付出被视为理所当然。

生活中，一些意想不到的后果会让我们感觉更糟，再度引发我们内心的核心恐惧，从而形成一个反馈循环，而此时我们就会感到深陷困境。

在我的工作中，我发现导致倦怠最常见的三种保护策略是：完美主义、讨好他人和回避强烈情绪。让我们逐一审视这三种情况，不过需要注意的是，你可能不止符合其中一种。

完美主义带来的内在压力

完美主义涵盖了一个较为宽泛的范畴，一端是无害的勤奋意识，另一端则是过度执着于把事情做到"恰到好处"，甚至为此不惜损害自身利益。如果你在达到高标准时能感受到喜悦和自豪，并且能够合理安排节奏，达成目标后还能稍作休息，那么这很可能处于健康的一端。但如果你鲜少感受到这些积极情绪，还觉得自己很少能将事情做到期望的标准，那你可能就处于完美主义更有害的一端，它正在损害你的身心健康。

内在压力地图[1]

生活经历	核心恐惧	保护策略	对你产生的意外后果
导致你对自身、他人和世界产生内在反应的生活经历及关键事件。可参考的有帮助的方面： • 家庭：如冲突、家庭压力、依恋模式、失去亲人、家庭规则、在家庭中的角色 • 社区与文化：如文化中的污名、对你有影响的强烈文化观念 • 学校：如学业和交友经历或校园欺凌 • 人际关系：如塑造你对他人信任、归属感和责任感的经历 • 职业：如被重视、被赋予责任、被倾听等经历	你从生活经历中获得了什么感悟？ **外在恐惧：** 你担心他人对待你或看待你的方式。常见恐惧包括：被拒绝、被抛弃、被排斥、被辜负、被伤害或被羞辱 **内在恐惧：** 你对自己是谁、以及自己的能力和价值有哪些担忧？常见的内在恐惧包括你觉得自己不够好、软弱、易受伤害、孤独	你如何试图防止恐惧变为现实？ **外在保护策略：** 你会采取什么行动来防止自己担心的他人行为发生？常见例子有：自力更生、讨好他人、过度警觉、安抚、寻求安慰 **内在保护策略：** 你会做些什么来避免对自己的恐惧成真？常见例子有：回避或压抑自己的需求或情绪、自我批判	保护策略可能在短期内有帮助，但长期来看，有哪些不良的副作用？ **外在意外后果：** 你的外在应对方式如何影响你的人际关系，以及他人对你的想法和感受？常见例子有：需求不被他人认可、人际关系缺乏深度、你感到没有安全感、在社交中被边缘化或被视为理所当然 **内在意外后果：** 你的内在保护策略对你的思想、情感和身体有哪些副作用？ 你如何看待自己？ 内在保护策略如何影响你与自己的关系？（例如批判、轻视、怨恨）？ **情绪：** 这一切对你的情绪有什么影响？

---

[1] 保罗·吉尔伯特基于同情聚焦疗法制定，©2022。经 Taylor & Francis 许可，通过 PLSclear 转载。

完美主义者分为三种类型，其中前两种与倦怠的关联更为紧密：

- **刻板完美主义者**：这类人将无瑕疵的结果视为自我价值的唯一衡量标准。
- **自我批判型完美主义者**：这类人对来自外界的反馈过度挑剔。他们始终坚信他人对自己寄予了极高的期望，所以努力追求完美。
- **自恋型完美主义者**：与前两种类型不同，这类人苛求他人达到完美。

如果你想知道自己最符合哪种完美主义类型，可以使用"大三完美主义量表"（BTPS）进行自我评估，在网上搜索就能免费获取。以下是苏拉杰的分析图，他就是一个自我批判型完美主义者，这种特质加剧了他的倦怠。

> ### 苏拉杰的剖析图
> ### 苏拉杰的生活经历
> #### 家庭方面
> 父母都是成功的专业人士，极为重视苏拉杰在考试中取得好成绩，期望他门门课程都能斩获 A 等成绩，拿到一等学位。然而，父母却不习惯表扬他。
>
> 家庭环境中不经意间强化的竞争氛围，让他和兄弟之间不经意间形成了竞争关系。
>
> 他在家庭中扮演"金童"的角色，即被期望表现出色的

那个孩子。

他的依恋风格最接近回避型依恋。

学生时代

苏拉杰喜欢取得好成绩，并从中获得成就感，但因书呆子气而遭到欺凌。由于父亲工作调动，他多次搬家和转学。他发现自己很难适应新学校的规章制度，所以尽量表现得"乖巧"，以免违反规定。

有时，他和兄弟是学校（及当地）仅有的非白人孩子，他们时常遭受他人异样的目光，这让他感到很尴尬。因为难以克服这种与众不同的感觉，而且每次转学后都要远离原来的朋友，无法快速融入新的群体，久而久之，他不再努力建立亲密的友谊，而是通过投身学术来排解孤独，因为这比经营友情要简单。

职业生涯

在竞争激烈的建筑领域，他必须努力工作才能取得好成绩。工作中有过被一位不喜欢他想法的导师弄得很尴尬的经历。工作环境压力大，期望和标准都很高，办公室还经常公布目标达成情况——谁达成了，谁没达成。

苏拉杰的核心恐惧

外在恐惧

- 被批评
- 被认为不如别人
- 被辜负
- 无法信任他人会支持自己

内在恐惧
- 觉得自己不够好
- 缺乏安全感
- 感到孤独

苏拉杰的保护策略

外在策略
- 严格遵守规则
- 不停地规划
- 花大量时间将工作完美地做到高标准
- 与他人保持距离
- 与他人竞争

内在策略
- 所有事情都亲力亲为,以确保达到正确标准
- 设定高标准
- 自我价值感取决于成就
- 自我批判
- 严格自律

苏拉杰面临的意外后果

外在策略导致的后果
- 拖延(在确定能做到完美之前,迟迟不愿着手做事)
- 感到孤立,觉得自己不属于某个群体或团队
- 他做每件事花费的时间都比别人长(完美主义策略很耗时)

> - 其他兴趣爱好被搁置，因为它们无助于达到攀登职业阶梯顶端的目标
>
> **内在策略导致的后果**
> - 对自己的成就感到失望
> - 当未能达成期望时，自我价值感降低
> - 疲惫不堪，因为他难以放松休息
>
> **他对自己的态度**
> - 当"未达到"标准或放松自律时，对自己很严苛
>
> **情绪方面**
> - 感到情绪低落且焦虑

讨好他人带来的内在压力

为他人做善事本身并非坏事，但讨好他人却与之不同。这是一种出于不安的努力：感觉必须为他人做事，即便这与自己的意愿或价值观相悖。它源于对威胁的回避，通常起因于自卑，或是觉得如果不这么做，就会让别人失望，甚至有被排斥的风险。艾玛·里德·特雷尔（Emma Reed Turrell）在其著作《取悦自己》（*Please Yourself*）中提出，讨好他人可分为四类：

- **经典型讨好者**：这类人以能出色地将他人置于首位为荣，甚至觉得这就是自己的标签，他们的自尊建立在他人是否开心之上。
- **隐性讨好者**：这类人单纯地认为他人比自己重要；他

们可能默默讨好他人，不声张此事。

- **安抚型讨好者**：这类人惧怕他人有任何不悦，所以安抚每个人，为了避免惹麻烦而将自己的感受置之不理。
- **抗拒型讨好者**：这类人可能不认为自己是讨好者，因为他们没有很多讨好行为，但这只是因为他们过于担心自己会被怎样看待或被拒绝，所以干脆避开人群，或者干脆不露面。

下面是阿尼卡的剖析图，她是一位经典型讨好者。

阿尼卡的剖析图

阿尼卡的生活经历

家庭方面

母亲情绪多变且容易焦虑，父亲因忙于工作常不在家，以此逃避家庭。

在家庭中，把自己的需求放在首位会被视为自私。

她在家庭中的角色是"和事佬"，确保妹妹得到所需，并且在母亲心情不好时避免惹她生气。

她的依恋风格更倾向于焦虑型依恋。

学生时代

阿尼卡十分享受学校生活。在朋友圈子里，她扮演着核心角色，总是那个负责组织外出活动、考虑每个人需求的人。她很喜欢老师夸赞她乐于助人、认真负责。

职业生涯

出于关怀他人的习惯，阿尼卡选择了一份相关的工作。

在她获得第一个正式职位时，遇到了一位焦虑的经理，这位经理试图对她和其他员工进行过度管理。阿尼卡对这种焦虑情绪高度敏感，与同事间形成了一种模式，这与她从小到大在朋友圈子里的模式相符：害怕让别人不高兴，或看到别人有压力，于是就更加努力地讨好他人，试图满足每个人的需求。

阿尼卡的核心恐惧

外在恐惧

- 被抛弃
- 被拒绝
- 被羞辱
- 被视为自私

内在恐惧

- 如果我不为他人负责，就会让他们失望
- 我不够好
- 我的感受不重要，我不该在意它们
- 成为他人的负担意味着我失败了

阿尼卡的保护策略

外在策略

- 从不与他人设定界限
- 试图察觉并预见他人的需求
- 讨好他人，以免他们拒绝或批评
- 确认自己没有惹他人不高兴（反复查看短信）

- 始终无私奉献
- 避免寻求帮助
- 试图保护他人免受情绪困扰
- 远离那些可能给予精神支持的人

内在策略

- 事情出错时承担所有责任
- 将自我价值建立在为他人服务的能力上
- 隐藏或避免对他人感到沮丧或愤怒
- 忽视工作与生活的界限

阿尼卡面临的意外后果

外在策略导致的后果

- 共情——痛苦疲劳
- 难以接受他人的支持或关心
- 付出被他人视为理所当然
- 被众人的需求压得疲惫不堪
- 背负着因满足众人需求产生的大量情感负担
- 感到孤独

内在策略导致的后果

- 对自身需求和身体状况缺乏关注
- 反复琢磨与他人的互动
- 休息时感到内疚或焦虑
- 疲惫不堪

> **她对自己的态度**
> - 当感到沮丧或愤怒时，会自我批判
> - 如果他人不开心，就会责怪自己
>
> **情绪方面**
> - 自我责备时会感到情绪低落或焦虑

回避强烈情绪带来的内在压力

我们每个人都会有情绪，这是人类正常经历的一部分。情绪在很多方面都有益且重要，这一点我们会在下一章探讨。发现负面情绪会带来极大的不适和痛苦，并希望回避它们，这是人之常情，但对于一些人来说，这种回避情绪的倾向尤为强烈。例如，有些孩子成长于情绪表达失控的家庭环境中，比如父母脾气暴躁、好斗，或者有一位经常哭泣、明显焦虑的家长。又或者情况相反，在家庭中情绪从不被交流或表达，这本身就传递出一种信息，即他们不应该有情绪，如果有，那就是有问题的表现（比如被认为过于情绪化、软弱、不理智）。倘若出现这种情况，通过投身工作转移注意力来回避情绪，以及试图通过获得高地位的职位来保护自己，就可能成为自然而然的结果。

以下是斯科特的剖析图，他就是那种倾向于回避强烈情绪的人。

斯科特的剖析图

斯科特的生活经历

家庭方面

斯科特年幼时父母离异,父亲离开后未提供任何经济支持。母亲经常对他感到烦躁不安或不耐烦,而他生活中唯一的祖辈似乎将父母关系的破裂归咎于他。当斯科特感到沮丧或恼怒时,母亲会说他和父亲一样,这对他来说是一种侮辱,因为他父亲曾对他们进行情感虐待并抛弃了他们。

学生时代

在学校,斯科特轻松取得好成绩,尤其在体育方面表现出色。他的教练鼓励刻苦训练,这使斯科特变得极具竞争意识。由于学业和体育活动占据了大量时间,他几乎没有时间结交朋友,因此未能建立起任何亲密的友谊。

职业生涯

斯科特希望能够养活自己和母亲,所以他将尽快赚到足够的钱作为目标。他很快实现了经济稳定,但也因此变成了工作狂。在经历了公司工作的高压和疲惫后,他决定创办自己的企业,而母亲对此却并不支持。

斯科特的核心恐惧

外在恐惧

- 被抛弃
- 被拒绝

- 被羞辱
- 被批评或被辜负
- 他人难以预测或令人恐惧的情绪

内在恐惧
- 我本身不被接受
- 我不够好
- 我的负面情绪不被接受
- 如果我表露情绪，我可能会变得像抛弃我们的父亲一样
- 我需要维持一个有能力、能养家的形象

斯科特的保护策略

外在策略
- 与他人保持距离，这样他既无须表露自己的情感，也无须应对他人的情感
- 独立自主，从不寻求帮助
- 不将工作分配给他人，凡事亲力亲为
- 把工作当作一种逃避方式或获取掌控感的途径，尤其倾向于选择不涉及情感的工作

内在策略
- 努力追求成功
- 压抑情绪（尽量不去感受）
- 情绪波动时远离他人
- 用理性思考来处理事情，只依赖认知推理，而忽略身体和情感传递的信号

> **斯科特面临的意外后果**
>
> **外在策略导致的后果**
>
> - 感到孤独
> - 独自承担一切而疲惫不堪
> - 承受着为他人提供保障的巨大期望压力
>
> **内在策略导致的后果**
>
> - 对自身身体和情绪缺乏感知，以至于意识不到自己的压力程度
> - 被压抑的情绪以其他方式反弹回来，要么更强烈地卷土重来，要么引发身体问题（如与压力相关的疼痛或健康状况）
>
> **他对自己的态度**
>
> - 当情绪浮现时对自己很严苛，认为自己失败了
>
> **情绪方面**
>
> - 自我批判时会感到情绪低落或焦虑

内在压力剖析图中的问题以及第六章和第七章的信息，可用于梳理你自身的内在压力。有时，这可能会引发你内心的自我批评声音，让你想要放弃，所以这可能是一项在情感上颇具挑战性的练习。为了应对这种情况，请尝试想象你正在书写和反思一位挚友的生活经历，而非你自己的。

第三部分

重获平衡,从倦怠中恢复

在本部分结束时,你将掌握从倦怠中恢复平衡所需的概念和工具。

第九章
恢复平衡

莎拉（这位已极度倦怠的老师）曾与我一起梳理了她内心的种种压力。小的时候，她被寄予厚望，承担了许多责任：在她妈妈情绪低落、连续几天卧床不起的时候，她需要照顾年幼的弟弟妹妹；当她妈妈从这些低落的情绪中恢复过来后，往往又会批评莎拉在处理家务时的表现，似乎忘记了莎拉还是个孩子。因此，莎拉逐渐形成了两个核心的恐惧：害怕别人批评她，以及认为自己无论做什么都不够好。为了弥补，她努力避免令他人感到困扰，预判他人的需求，并在她认为他们可能需要帮助时迅速介入。在学校里，这意味着她经常会同意承担额外的操场职责，或者替缺席的老师管理课后活动小组，而不是任学校取消这些活动。在一个长期资源不足但需求可能无限的环境中，她陷入了困境。

随着倦怠的加剧，她开始通过减少社交来应对这些过度的要求。如果她接触的人少了，就不需要承受他们的不安和工作负担。但这也带来了负面后果：她的同事们看不到她的困难，因此无法提供帮助。莎拉感到孤独，甚至与她喜欢的工作——她的团队——更加疏远了。

在治疗过程中，莎拉开始在一天的工作转换中放慢自己的节奏，不再像以前那样从一个活动仓促地奔向下一个。当她感到力不从心时，比如在夜晚惊醒的时刻，或是校长突然宣布要来听课的时刻，她开始把手放在心口，慢慢呼吸十次，并提醒自己这种不适感很快就会过去（这是她最常对自己说的话）。这能在当时安抚她的情绪，但当校长在教工会议上点名需要有人自愿承担某项任务时，在这令人痛苦的沉默中，她还是会屈服。她发现自己仍然无法抵抗帮忙的冲动。不奉献的感觉让她感到懒惰和自私，这让她非常不舒服。她想知道自己能做些什么来改掉这个习惯，至少能遏制一些她正在应对的一连串需求。

莎拉在自我同情方面遇到了困难。当她考虑寻求帮助或为自己的时间划定界限来休息时，她的内心就会产生一种警觉，她担心别人会认为她自私并对她评头论足。毕竟，这是她妈妈一贯的做法。

莎拉并不是唯一一个在自我同情方面遇到困难的人。那些有不健康完美主义倾向、讨好他人倾向或情绪耐受困难的人，往往会发现自我同情很难，或者无法看到其价值。2016年的一项研究发现，那些难以表现出自我同情的人，往往对他人给予很高程度的关怀，但对自己关怀的程度却很低。事实上，自我同情要求我们同时具备两种能力：给予自己关怀，并能够从自己身上获得同样的关怀。

为了帮助莎拉与生活中的需求建立健康关系（从而从倦怠中恢复过来），我们需要另一张新的指引图。这一次，我们借鉴了同情聚焦疗法中使用的"三种情绪调节系统"绘制了她的情绪系统图。根据这一模型，情绪具有进化根源，是为了让人类在世界上生存而发展起来的。我们每个人的情绪反应都在引导我们的行为，以满足一些重要的底层动机，例如相互关怀（关怀动机）以及获取有限的重要资源，如食物、地位和社会支持（竞争动机）。

我们的情绪在其中提供了这样的支持：焦虑会提醒我们可能存在的危险，因此我们会有一种强烈的逃跑冲动；当有人越界时，愤怒会爆发，促使我们加强边界；悲伤促使我们在丧失后寻求社会支持；而当我们从事对长远有利的活动，如玩耍和社交时，喜悦的情感会促使我们再次寻求类似的时刻。

我们无法控制自己最初的情绪反应。这些天生的反应帮助我们的祖先生存和发展，然而，在现代社会中，某些反应可能显得不再那么重要。举个例子，如果我在会议中离开座位去上厕所，回来时发现有人坐在我的位置上，即使我进化了的理性大脑可以推理出我可以坐在其他椅子上，我依然会感到恼火——这是一种古老的领地反应在作祟。

这意味着，有些情绪反应在特定情况下对我们来说显然是合理的，但有时我们会对自己的反应感到困惑，因为它们似乎不符合当前的情境。这种时候，这些反应可能来自更为原始的情绪模式。

因此，自我同情的行为包括倾听我们情绪的智慧，然后在决定如何行为之前，停下来想一想特定的情绪反应在当前情况下是否合理。

三系统模型将我们的主要情绪分为三个主要系统，以帮助我们生存和繁荣：

- 威胁系统（threat system）——愤怒、焦虑、厌恶。当我们受到威胁时，我们的威胁系统会产生恐惧、愤怒或厌恶等情绪，这些强烈的情绪体验会促使我们立即采取行动以寻求安全。我们随后采取何种行动来寻求安全取决于我们所处的模式（警戒模式或紧急模式），而这一点又取决于威胁的程度和我们寻求安全的能力。

- 驱动系统（drive system）——驱动力、兴奋、活力。驱动力系统与热情、活力和专注等积极的情绪有关，这些情绪使我们专注于任务并追求目标——这些情绪激励我们获取发展所需的资源，如食物、社会地位和繁殖机会。当我们知道自己有望晋升时，或是我们喜欢的人也喜欢我们时，又或者当我们最喜欢的饭菜端到面前时，那种兴奋的感觉就来自我们的驱动力系统。驱动力系统对应于非保护性黄灯模式，即当我们没有感受到威胁时，我们从交感神经系统获得的能量。

- 舒缓系统（soothing system）——满足、安全、舒缓。人类需要休息并花时间与社交群体建立联系，以建立可以依赖的强大联系。这意味着我们需要足够冷静来休息和恢复，同时通过给予和接受他人的关怀来培养社交纽带。这是在其他两个系统耗费大量能量后重新充电的重要环节。在这个系统中，我们会感到安全和满足,催产素也会释放出来。这对应于绿灯模式下的腹侧迷走神经回路。

模型 A 显示了三个总体系统的平衡,驱动、安抚和威胁三个焦点的大小相等。⊖模型 B 显示了内部压力导致倦怠时常见的失衡现象。

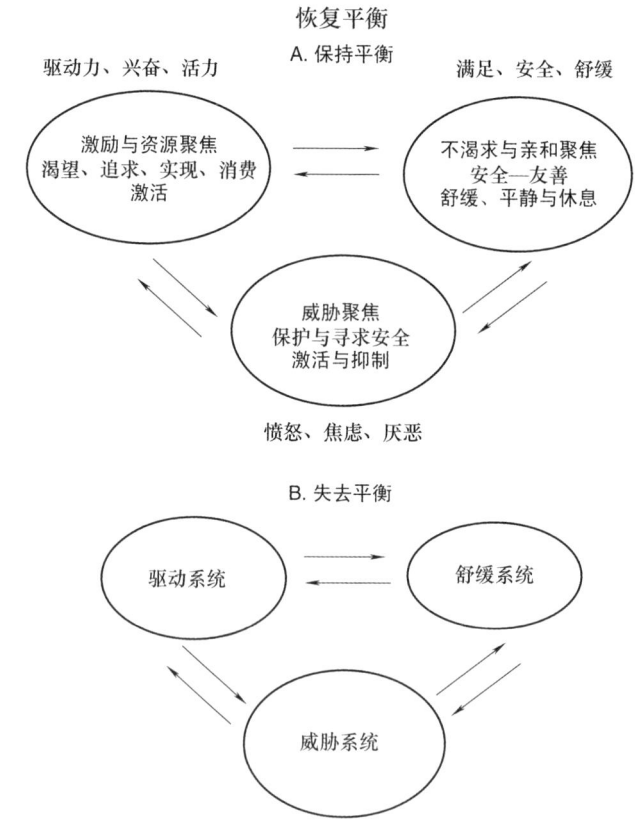

⊖ 两种模型均改编自保罗·吉尔伯特的《同情之心》(*The Compassionate Mind*),2009 年,经 Little Brown 许可,通过 PLSclear 转载。

第九章 恢复平衡

过度活跃的威胁系统

莎拉的威胁系统——使我们进入红灯和黄灯模式（紧急或警戒模式）的系统——已经变得过度活跃。这一点从她的易怒和持续担忧，以及每当校长走进教师休息室时她身体的紧张反应中可以看出。

当我们频繁处于威胁状态下时，我们的威胁系统往往会变得更加敏感。对我们的祖先来说，这种增强的威胁反应是一种有益的生存机制。它使我们的威胁系统变得高度敏感，有点像汽车报警器在只有强风而无窃贼的情况下也会触发。对于莎拉来说，工作需求的不断增加，包括更高的目标和额外的工作量，再加上一位不近人情的校长，这些压力让她的威胁系统处于高度警戒状态。

过度活跃的驱动系统

导致莎拉倦怠的第二个系统是过度活跃的驱动系统，这个系统刺激了黄灯模式（警戒模式）下的激情、兴奋和目标追求区域（而非逃跑或战斗等生存行为）。驱动在西方文化中备受推崇。我们推崇勤奋工作和目标驱动的行为。再加上早年生活中关于成功、完美和成就的价值观信息，不难理解为什么我们的驱动系统会变得过度膨胀，并助长竞争心态。

驱动系统可以用来抑制被激活的威胁系统。例如，苏拉杰为了避免自我批评或受到失败感的困扰，在建筑项目中总是超额完成任务，以此来抑制自己的威胁反应。莎拉会在自己的工作之外承担他人的工作,以避免让他人失望,从而确保自己是一个乐于助人的人,并避免受到同事的批评。然而,好胜心态助长了过度活跃的驱动系统,其难点在于很难"松开油门"。你需要不断努力工作以维持自己的社会地位和等级,因为你担心如果不这样做,就会发生不好的事情——比如被视为失败者。

保持这种高强度的状态意味着你始终在寻找成功的途径,一直处于"行动模式"(doing mode)中。但是,如果你过于关注自己的表现,并急于寻找下一个证明自己的机会,你就不太可能注意到身体发出的压力信号。

刺激不足的舒缓系统

莎拉倦怠的最后一个情绪失衡问题是她的舒缓系统受到的刺激不足。当我们在放松模式下(即腹侧迷走神经和社会参与回路活跃时),这个系统本应帮助我们感到安全、满足和平静。然而,在莎拉的生活中,这个系统并未得到充分的重视。这意味着她没有为自己建立起良好的休息、恢复和舒缓活动,并且很难接受来自他人的关怀。

在我们的社会中,占主导的观点是休息意味着懒惰或软弱,"无所事事"被认为是浪费时间。想要建立一个强大的舒缓系统,重要的是看到周围人重视自我照顾和人际关系,并亲自体验到这种安抚。这可以增强迷走神经的张力和识别失调的能力。如果在你的生活中缺乏这种体验(并且现在仍然如此),那么好消息是,由于神经可塑性(大脑通过重复实现变化的能力),这种技能在任何年龄都可以练习和提高。

第九章　恢复平衡

如何恢复平衡

有一种误解认为自我同情会让我们变得软弱，或者自我批评会激励我们更加努力地工作，但科学证明事实恰恰相反。自我同情能提高我们调节神经系统的能力，从而更好地应对压力。它能增强我们在遭遇挫折后重新振作并达到长期目标的能力。

当我们的神经系统不堪重负时，强烈的情绪会占据主导地位，内心的紧张感会加剧我们内心的批评。自我同情可以让我们恢复平衡，用善意、理解和改善现状的愿望来回应我们的压力。自我同情不仅仅是舒缓系统。它还需要我们倾听所有情绪传递的智慧，在适当的时候理解并回应这些情绪，从而制定最有效的行动方案，而非仅仅做出本能反应。它需要使用第五章中的方法来调节和舒缓神经系统，同时也要学习新的方法来以不同的方式回应我们内心的批评或担忧。自我同情还需要重视幸福感。

改变方向，远离倦怠

无论你认同完美主义、讨好他人、回避情绪还是三者兼而有之，如果你已经处于倦怠，你很可能是用你的驱动系统来抑制威胁系统，这意味着你正在按顺时针经历这三个情绪系统。当我们从威胁系统转向驱动系统，而不是先转向舒缓系统再进入驱动系统时，我们会遇到一些问题：

- 在黄灯和红灯模式（警戒和紧急模式）下，你的额叶功能（如创造性思维、问题解决和理性思考的能力）会受到阻碍。
- 你已经失去了与积极动机的联系，比如希望成为一个好榜样、分享你的知识，或是与你关心的人共同经历一些事情。现在，你更多的是被恐惧所驱使，如害怕受到批评、被拒绝或被排挤在外。
- 最后但同样重要的是，你更有可能出于急迫感采取行动，并在事后对冲动的行为感到后悔，比如在没有充分计划的情况下开始一个项目，或草率地回复一封令人不快的邮件，给你的一天增加压力和摩擦。

通过引入自我舒缓的工具，比如我们在第五章中提到的，你可以从根本上改变这三个系统的行进方向。但为了支持这一逆时针的旅程，你还需要努力消除任何阻碍通往同情自我的障碍。

逆时针运转以达到平衡

是什么阻挡了你通往同情的自我？

以下是我们在培养同情的自我时常见的三个困难。你可能会发现这三个问题都与你息息相关，或者其中一个需要做更多的努力。

忽视自身感受

这意味着你没有注意到那些感受。在意识到是什么让你走上这条老路之前，你就开始追求完美主义、取悦他人和逃避忙碌。也许你会忽略或压抑强烈的情绪？

内在批评占据主导

你能感受到这些情绪，但没有做出不同反应的技巧。你能注意到自己的情绪，并意识到需要找到替代取悦他人、追求完美和逃避的模式，但内心引导你进入这些模式的严厉的批评声过于苛刻，以至于阻碍了你做出任何改变的能力。

与他人的同情心脱节

你不允许他人靠近，也很难请求他人的帮助或接受他人的帮助。相反，你倾向于独自解决所有困难，并在遇到困难时选择隐忍。

接下来的三章将向你展示如何解决这些困境,并找到自己的同情之心。

第十章
学习如何倾听自己的感受

苏拉杰意识到自己在晚上与伴侣相处会变得非常暴躁。事实上,两人争吵的增多促使他最终决定寻求帮助——他的伴侣坚持认为这种情况不能再继续下去了,否则她就会离开。当我们讨论情绪时,苏拉杰茫然地看着我。他似乎只能感受到焦虑,甚至只有在焦虑升级为恐慌时才能察觉。在我们的对话中,他开始意识到低水平的焦虑在他的工作中非常常见。但情况比这更复杂。有时会有悲伤(例如,当他的努力未得到认可时),或者以挫败感的形式表现出愤怒(例如,当他的管理合伙人要求他做超出他专业领域的工作时)。在工作期间,他对这些情绪置若罔闻,导致它们在他晚上又累又饿地回到家后溢出。此时,一整天压抑身体感受的情绪已经升级,并错误地发泄在了容易成为攻击目标的伴侣身上。

能够聆听身体的信号并解读它们所传达的信息对于了解自己在任何特定时刻的情绪和身体需求至关重要。如果没有这种能力，你的自我意识就会很低，也就不知道应该采取什么措施来满足自己的需求。

维持身体基本功能的信号包括需要如厕、感到饥饿（需要进食）或四肢沉重（需要休息）。在倦怠状态下，通常会出现一种脱节，导致你无法满足自己的需求。内感受（即感受和倾听身体感觉的能力）功能不良的专业术语是述情障碍（alexithymia），大约有 1/10 的人患有这种疾病。出现这种情况的原因可能有以下几种：

- **神经多样性**：有研究表明，孤独症患者或符合注意力缺陷多动障碍（ADHD）标准的人可能在内感受方面存在困难。
- **创伤**：如果你曾有过许多强烈的体验，你可能已经学会了在无意识的情况下回避身体发出的信号。
- **屈服于外界压力**：外界的压力以及我们文化中的一种普遍模式，即更关注产出和外部特征（比如你看起来如何或你是否按时完成了任务），而不是倾听自己的需求，这些因素已经训练你不再关注这些信号。例如，如果你经常忽视饥饿的身体信号以完成工作，你可能最终会不再对身体的信号敏感。

当你未能回应身体的基本信号时，你的情绪会提醒你。你可能会因为没去厕所或没休息而变得焦躁不安。这是你的身体在增强信号来引起你的注意！此外，身体以外的情境也可能触发某种情绪，比如被朋友辜负或被忙碌压垮。你的情绪可能会告诉你，你需要一个安静的空间来反思或减少刺激。但是，如果你无法感知身体中的情绪感受，你就难以意识到这一点。

知晓应当聆听什么

如果你已经有一段时间忽视身体的信号了，那么了解你需要留意什么会很有帮助。每种情绪在身体中都有一种生理模式和相应的行动冲动。这里有一份描述情绪强度的词汇表。留意到身体中的情绪很有帮助，同时给它命名也可以提高自我意识，使你更容易看清自己的需求。

情绪	词汇	身体感受	行为冲动
恐惧	担忧 焦虑 不知所措	紧绷 忐忑不安 恶心 颤抖/战栗 口干 心跳加速 呼吸急促 发热/脸红	赶紧寻求安全感或解决一个未解决的问题
悲伤	空虚 孤独 压抑	沉重 下沉或沉重的感觉 胸闷 肌肉下垂，如肩膀	退缩以"舔舐伤口"或寻求支持 寻求恢复失去的东西的方法

（续）

情绪	词汇	身体感受	行为冲动
羞愧	被拒绝 蒙羞 自卑	热 紧张 肌肉下沉/萎缩	退缩 隐藏 顺从
愤怒	烦躁 沮丧 暴力	热 紧张——尤其是胸部和面部肌肉 颤抖	纠正不公
愉悦	平静 兴奋 自信	轻盈 温暖 充满活力或平静 安宁	与他人沟通

如何重新开始倾听你的身体？

- **正念** 是增强倾听能力的最佳方法之一。本章后面的工具箱为你提供了练习入门指南。

- **瑜伽** 在带给你正念相应益处的同时，还结合了呼吸训练和轻柔的肢体运动，这有助于将你的交感神经系统转回至放松模式。它引导你积极地倾听自己的身体。通过与呼吸同步运动，并专注于你感受到的任何感觉，你可以与身体建立联系并改善内感受。

- **检查** 当你的内感受出现重大障碍时，利用手机上的闹钟在一天中设置几次检查会是一个很好的提醒方式。尝试将这些闹钟设定在你一天中的过渡时间段，例如，在诊所的早晨，我会在两次治疗间隙进行一次检查。当收到提醒后，你可以按以下步骤操作：从头部开始，经过面部、颈部、肩膀、躯干、腹部，一直向下到腿部和脚，在头脑中做一次身体扫描。问问自己在身体内外都注意到了什么。当我在工作状态进行这种扫描时，我经常会意识到自己正在深深皱眉或驼背，然后我就会伸展一下来缓解压力。同时也要留意，如果我们发现没有特别的感受也是完全正常的！当我们平静和满足时，身体感觉通常是较为微弱的，但觉察这些轻微或潜在的感觉还是有帮助的，这样你就可以识别出平静的时刻和可以倚靠的微光。为了增强这些短暂的检查，我建议练习一些较长的正念身体扫描。YouTube 网站上马克·威廉姆斯博士（Dr. Mark Williams）的冥想引导是一个不错的选择。

- **心率实验**　如果你想刻意训练自己注意到交感神经系统（即警戒模式）的反应，那么这是一个值得尝试的有趣练习。使用生物反馈应用程序来测量你的静息心率，或者通过触摸脉搏手动记录心跳次数，然后在你的身体承受范围内，安全地做一分钟可以提高心率的活动，比如上下楼梯或星形跳。再次检查你的心率，并问问自己身体还能感受到其他什么。这样的运动可以模拟身体的高应激反应。现在进行第五章中的一些练习，比如呼吸、轻拍或可视化。注意这些练习对你的身体和心率有何影响。这将帮助你适应自己在缓解应激方面的尝试并体验绿灯模式的感觉。

一旦你了解了自己的身体和相关感受，该怎么做?

许多人在经历诸如恼怒之类的负面情绪或者感到不安时，往往会苛责自己，进而增加了压力。同情地感受自己的情绪，意味着你要认识到，在任何特定情况下，情绪在传达你的需求方面都扮演着重要的角色。感受这些情绪是人类体验的一部分，所有的感受都应该被给予空间并被聆听。愤怒是一种在倦怠时尤其容易失调的情绪，因此在下面的工具箱中特别强调了这一点。

做记录是一个很好的方法，可以帮助你弄清楚当前有哪些情绪存在，以及这些情绪的目的是什么。不妨为自己准备一本新的"私人"笔记本，记录下你的感受。以下是一些帮助你开始的提示：

- 我现在感受到了哪些情绪？
- 我的身体中有哪些迹象表明这些情绪的存在？
- 我在试图回避其中任何一种情绪吗？
- 如果是，为什么？
- 这种情绪在告诉我需要什么或需要去做什么？

如果你不喜欢自己当下的感受该怎么办？

这正是你常常无法察觉自己情绪变化的确切原因——因为这些情绪让人难以忍受，而且伴随着内心批评的声音：你会在这些想法中贬低自己，告诉自己你失败了，或者你没有资格去感受这些情绪。我们在这里试图避免的是依赖那些不健康的保护策略，正是这些策略会将你进一步推向倦怠（比如取悦他人、追求完美和过度忙碌），而第十一章将为你提供富有同情心的替代方案。

第十章 学习如何倾听自己的感受

感知愤怒

阿尼卡告诉我她从没觉得自己生气过。她真的从来没有。无论在家里还是工作中，她都是大家依赖和求助的对象；她总是温暖且乐于助人，会随时放下手头的事情来提供帮助。我们尝试了诸如"烦躁"、"沮丧"或"生气"等词汇，但她说自己很少有这些感觉。然而，与愤怒相关的行为却引起了她的共鸣，例如不耐烦（通常是对自己）、反复思考问题和自我批评。

当我们探讨她何时对自我不耐烦时，她举了一个例子：因为帮助某人处理一个临时请求，她不得不匆匆完成一项员工交接。阿尼卡在设定边界方面（比如告诉这个人她只能提供五分钟而不是二十分钟的帮助）感到很困难，因为她无法感知自己的愤怒。事实上，她的不耐烦是她的身体在告诉她，有人对她的时间和情绪能量提出了过度的要求，已经超越了界限（这些人之所以没有意识到这一点，是因为阿尼卡总是展现出友好和乐意帮助的态度）。她非常擅长压抑愤怒，以至于没有注意到愤怒在试图告诉自己的需求。但是，压抑愤怒只能在一定程度上起作用，因为这些愤怒还会以其他更微妙的方式表现出来。

愤怒会给我们带来哪些问题？

愤怒常常被压抑，因为它被视为一种不被接受的情绪，既不宜被感知也不宜被表露。这种现象的典型成因可能是孩子目睹了成年人强烈的愤怒表达，这些表达让人感到害怕且/或失控。于是，孩子可能会担心这种情绪同样潜伏在他们自己的内心深处，如果让它浮出水面可能会造成伤害。同样，如果你在童年时期因为表达愤怒而受到惩罚，你可能会习惯于压抑这种感觉。从孩子的视角来看，与其面临被赶出家庭的风险，这样做更安全，也更能保持与主要照顾者的依恋关系。对这些人来说，愤怒可能确实感觉不到。

缺乏愤怒或无法感知愤怒，可能与倦怠密切相关。如果没有愤怒来提醒你面对的外部压力已经过多或不公，你可能会持续在未解决问题的情况下努力工作。当然，你也可能有过感到愤怒却无法采取行动的消极体验，这可能会导致习得性无助。例如，如果找不到一个安全的方式来分享让你在工作或家庭中感到不快乐的问题，你可能会放弃尝试。媒体上有很多关于被阻挠的工会和/或员工在工作中感到心理不安全（即无法分享问题）的故事，这是一个普遍的问题。

如果没有愤怒的智慧来引导你坚守自己的界限，你最终可能会毫无界限或界限非常薄弱，随时随地屈从于他人的要求。在第十三章中，我们将探讨你可能缺失的坚定自我的技巧，以培养你的界限。

倦怠的另一个潜在问题是，虽然你感受到了愤怒，但过度控制了它，这意味着你没有向他人明确表达出愤怒，而是默默地愤愤不平或思虑数小时。这会使你的交感神经系统（黄灯警戒模式）长时间处于激活状态，从而消耗你的精力。

第十章 学习如何倾听自己的感受

愤怒真的危险吗？

感受愤怒不同于无节制地表达愤怒。是的，愤怒可能会非常强烈，但有一些方法可以在不对自己或他人造成身体伤害的情况下化解愤怒，例如以下方法：

- 如果你能够做到，**好好哭一场**可以释放积聚的紧张情绪。
- **第五章中的工具**对于从交感神经系统（黄灯模式）中解脱非常有用。
- **对着枕头或对着风大喊**（如果你住的地方大喊不会惊动别人的话！）也是一种很好的释放方式。
- **在日记中记录你的愤怒**可以帮助你释放它，同时也能更好地理解它。打开一个笔记本，只管写下来。不要想太多，这只是写给自己看的。问问自己，当你开始有这种感觉时发生了什么？你的愤怒想告诉你什么？你希望有什么不同？

这些方法之所以重要，是因为虽然愤怒是我们的重要顾问，在提醒我们注意问题方面发挥着作用，但它并不总是最娴熟的谈判者。愤怒会激发我们的动机和能量去防御和战斗（威胁系统），但它并不总能在特定情况下带来最有效的结果。当你倾听愤怒时，可以问问自己它试图向你传达关于你自身需求的哪些信息，以渡过愤怒强烈的部分，随后运用上述策略安全地表达它；然后当愤怒的情绪平息后，你可以制定一个更谨慎有效的回应策略。

隐藏在表面之下的愤怒迹象

如果你感觉生活中经常缺少愤怒，请考虑以下几点，看看愤怒是否潜藏在表面之下：

- 言语刻薄或愤世嫉俗（比讽刺更苦涩的一种表现），用尖刻的语言掩饰内心的不满。
- 被动攻击：你间接地表达你的不满。
- 自我批评，将愤怒转向内心：你告诉自己一切都是你的错，或者你本该做得更好。
- 对不公平的事情或让你受委屈的事情耿耿于怀；你总是无法释怀地去想，或向与实际问题无关的人抱怨。

如果你有太多的愤怒该怎么办？

有时候，你可能会在毫无准备的情况下突然怒火中烧，然后对自己非常苛刻。这是长期未满足需求的表现。你的愤怒被压抑了太久，以至于在压力突然袭来的那一刻像高压锅一样爆发出来。

如果你经常有这样的爆发，或者经常感到怒火中烧，那么了解这一点可能会对你有帮助：愤怒这种情绪是如此强大，以至于当你感到脆弱时，有时会无意中将其用作防御机制。例如，如果你感到悲伤或孤独，愤怒可能会很快出现并将这些情绪掩盖。如果你希望了解愤怒背后是什么，可以尝试记录这些内容，重点关注以下几个问题：

- 你在身体的哪个部位感受到愤怒?
- 这种愤怒想让你知道什么?
- 如果现在不把愤怒和恐惧释放出来,会发生什么事?
- 愤怒想要你做什么?
- 是否有与这部分愤怒相关的记忆?

正念

正念是一种有意识地、不评判地关注当下的练习,留意到是什么将你的注意力从当下带走,并将它引导回你原来专注的地方。随着时间的推移,这种练习对注意力和内感受的作用就像举重练习对肌肉的好处一样:增强其力量,以便在你的日常生活中特别是在生活变得沉重时支持你。

以下是正念起效的核心要点。我们通常会选择当下的某个事物来锚定我们的注意力,比如身体的感觉或呼吸,然后下图这种模式就会出现:○

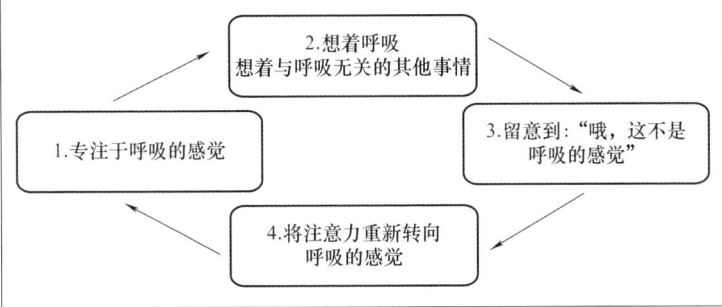

○ 改编自塔玛拉·拉塞尔博士(Dr. Tamara Russell)的《什么是正念?》(*What is Mindfulness?*)一文(2017年),经授权转载。

在正念练习中，我们的目标并不是放空大脑，而是要意识到是什么吸引了我们的注意力，无论是某个想法、声音还是身体的感觉。当你进行正念练习时，我们的头脑会自然而然地游移，并持续游移。注意到它的游移，并不加评判地将注意力带回到我们选择的锚点，这就是正念的行为。在正念练习中，我们会多次重复这一模式。这有助于你觉察到身体的感觉、思维的模式以及你的注意力常常被什么所吸引。

一个对"正念"有用的隐喻：溪流上的落叶

我最喜欢的正念练习之一是一个意象，也是一个有用的隐喻。我经常用这个练习来引导人们进入正念：

闭上眼睛，让自己找到舒缓的呼吸节奏。像这样呼吸五到十次，让我们的身体慢慢安静下来。现在，请想象一条流动的河流；这可以是你熟悉的一条河流，也可以是专门为这次练习在脑海中构建的一处宁静之地。在这里，你可以坐在河岸旁，静静观察水流缓缓流过。

河面上有漂浮的树叶顺流而下。你需要做的只是坐在河岸边，看着水流和叶子从你身边漂过。所以，每当你有一个想法、画面、担忧或记忆出现时，就想象将它放在一片叶子上，看着它飘过。

一遍又一遍地重复这个过程，把任何出现在你脑海中的东西放在一片树叶上，然后让它飘走。你可能会发现你有反复出现的想法，或者关于这个练习本身的想法（"我这样做对吗?"或者"我根本没有任何想法")——这些想法也可以放在树叶上。

有时,你会意识到自己的注意力已经从河岸边飘走了。当你注意到这一点时,你就已经做到了正念。恭喜自己,然后将注意力带回河岸,在那里等待下一个出现的想法。这样继续练习三到五分钟。

这只是众多正念练习中的一种。有些人很适合意象练习,但其他人则不然,因此我也提供了以下正念呼吸的练习。无论如何,我发现当我过度思考某件事情时,可以用这个隐喻来提醒自己,将思绪放在一片叶子上,而不是继续纠结。

正念呼吸

找到一个舒服的姿势坐下或者躺下,持续三到五分钟。如果你是在没有引导的情况下自主练习,我建议你设置一个闹钟,这样你就不会因为剩余的时间而分心。可以闭上眼睛,或者目光柔和地注视前方某处。这样可以减少分心。现在将注意力带到呼吸的感觉上。

留意空气进入身体时,鼻子或嘴巴处的感觉。留意吸气时的凉爽和呼气时的温暖。

留意空气进入和离开肺部时,喉咙后部和胸腔、腹部的感觉,肌肉和肌腱的微小运动。这些呼吸的感觉就是你当下的锚点。每当我们走神了,就温柔地将注意力带回到呼吸的感受上。在练习的过程中，专注于"当下的这一口呼吸"。

这样持续三到五分钟。

疑难解答

- **正念让我感觉更糟**。当你的身体长时间处于警戒模式时，任何涉及静止的正念练习都会与你体内的战斗或逃跑本能相悖。更重要的是，你被邀请将注意力转向身体内部的体验，比如呼吸或其他感觉，而你可能更习惯于用它们来分散注意力。如果是这样的话，你可以尝试进行运动的正念练习：专注于与运动相关的感受，比如行走或瑜伽。

- **我无法放空我的大脑**。这是正念中的一个常见误解，但正念实际的目标并不是放空你的大脑。相反，正念目标是意识到你脑海中正在发生的事情，并将其引导回当下的一个锚点。如果你注意到自己有很多想法，那么你正在对这些想法保持正念，而这正是我们所追求的！现在，温柔地将注意力带回到锚点，你就是在进行正念了。

- **这如何帮助我从倦怠中恢复呢**？留意到你的注意力在哪里是选择以新方式与任何特定时刻互动的第一步。它也能够帮助你与身体保持联结，这样你就能意识到当前所处的神经系统状态了。

- **我发现很难进行练习**。通常建议初学者跟随有引导的正念练习。你可以通过 App 来获得正念冥想的指导，但是也可以通过一些包含正念成分的活动来非正式地开始，例如洗碗、散步或洗澡。专注于活动中的感受，当你走神时，温柔地将注意力带回到这些感受上。这被称为非正式的正念练习。

将你的正念提升到更高层次

有很多研究表明，正念对缓解焦虑和倦怠很有帮助。它可以作为一种独立的练习方法来传授，以正念减压疗法（mindfulness-based stress reduction，MBSR）框架为例，其有效性的证据一直非常可靠。正念也被融入其他疗法中，如同情聚焦疗法和接纳与承诺疗法（acceptance and commitment therapy，ACT），这两种方法都是应对倦怠的有效选择。

即使有 App 的帮助，初学者在没有带领者或团体支持的情况下也很难入门。此外，抑郁患者可能会陷入反刍思维的困境。正念是一个难以掌握的概念，并且在没有监督的情况下很难养成规律的练习习惯。如果你曾经通过 App 尝试过练习正念，并意识到自己需要更多的指导，我强烈推荐你寻找一个线上或线下的 MBSR 小组。

学会倾听自己的情绪和身体感受需要时间。你可能已经花了很多年去压抑它们，不想去倾听，因为害怕发现或感觉自己无法应对任何负面情绪。通过练习，学习任何新技能的信心都会逐渐增强。这同样适用于你留意到感受的能力、与任何不适感共处的能力以及理解这些感受背后含义的能力。随着时间的推移，与身体建立起更良好的链接有助于改善你的倦怠；你将能够对自己的需求做出更明智的决定，并放慢自己回应的速度，而不是出于逃避的心态做出反应。这些都是富有同情心的回应。

第十一章
管理内在批评者的工具

在阿尼卡的那根弦崩断并因倦怠而请病假之前,她的内在批评者始终占据主导地位。它告诉阿尼卡,如果不加班来提供帮助,她将辜负上级的期望;然而,当她筋疲力尽地结束工作,匆忙赶回家时,它又会责备她错过了与家人共享晚餐的时光。她怎么做都不对!内在的批评者一整天都在不停地责备她:"我真是太笨了!——为什么不早点结束工作?我是个糟糕的妈妈!他们一定会讨厌我。"她在护理工作中不仅感到身心俱疲,内在的批评者还给她带来了额外的压力。这导致她在试图管理这种压力时,牺牲了自我照顾,转而采取了取悦他人的行为。

阿尼卡开始使用她的正念技巧来觉察"压力→匆忙→自我攻击"的模式。她开始运用第五章中的舒缓工具,并通过练习正念来打破这一循环,让她的神经系统得以调节。例如,她会选择将车停在工作地点最远的停车场，这样在轮班结束后，她可以通过快步走向自己的车，释放积攒的能量，而不是让这种能量在回家的通勤途中累积。回到家后，她也会在车里坐上一会儿，给自己一个拥抱，双臂紧紧环绕在肩膀上，提醒自己已经到家了，她已经尽了当天最大的努力，现在可以放下工作了。

当我们像阿尼卡一样，在压力状态下对自己过于严苛时，实际上是在激活我们已经活跃的威胁反应系统。这就好比在已经遭受外部压力（敌人攻击）的情况下，我们还对自己施加了额外的打击（来自内部的攻击）。

在这种情况下，自我同情的鼓励是一种重要的自我连接方式，可以对抗内在批评的声音。研究显示，它能够改善我们的心率变异性（heart-rate variability，HRV），从而让我们更好地在整体上管理压力。当我们采取这种做法时，我们便能敏锐地感知并应对自身的痛苦，这有助于缓解急于追求完美、取悦他人以及逃避现实的冲动。

自我同情的鼓励涉及软化你内在对话的语气（以激活社交互动系统），并提醒自己实际情况有多艰难，而不是低估自己所承受的压力。以阿尼卡为例，这包括提醒自己她承担着一份高强度的工作，同时扮演着多重角色（母亲、护士和管理者），并且她渴望在各个方面都做到最好。

想想过去那些充满同情并给予你鼓励的老师，与那些只会告诉你哪里做错了且变得不耐烦的老师相比，哪种老师能帮助你坚持下去并从活动中找到乐趣呢？

本章介绍了两个在感到不知所措时应对内在批评的练习，以及两个增强自我同情能力的练习，这样当你需要时，就能随时运用它们。

在当下回应你内在的批评

用同情回应内在的批评可以缓解攻击带来的压力。

意象

我们的身体对现实生活中的刺激和想象中的刺激反应是一样的。例如，如果我想象自己最喜欢的菜肴摆在我的面前，想象烤得脆脆的土豆刚从烤箱中取出，肉汁缓缓渗入其中，那诱人的香味也浮现在我的脑海中，我的嘴巴会开始分泌唾液，肚子也会咕咕叫。

同样地，如果我们想象一个关心我们的人向我们展示温暖和善意，我们的腹侧迷走神经系统的社会交往回路会被激活，催产素也会被释放。因此，这样的想象是一种支持舒缓系统的极佳工具。

在第五章中，我们介绍了轻拍练习以及平静场所的意象。现在你可以将与你的社交参与系统相关的意象融入其中。你可以尝试以下练习。

慈爱人物可视化

在开始这项练习之前,请花一点时间想象一个具有慈爱特质的人。可以是一位你曾从其身上感受到慈爱的人,也可以是你看到的对其他人表现出慈爱的人。你可以回顾过去,想想曾在你生活中出现过的人,即使只是短暂出现,比如老师、阿姨或叔叔、朋友、祖父母或同事。如果你愿意的话,也可以选择一个虚构的人物、动物或宠物。

找一个安静的地方坐下或躺下,让呼吸以舒缓的节奏进行。放松你的肌肉——你可能会发现先紧绷再放松肌肉会有助于放松。然后,让你的表情柔和下来,使其变得温暖和富有善意,仿佛你正在安慰一个心情低落的人。

现在,将你之前想象的具有慈爱特质的形象邀请进我们的内心,想想这个形象。留意这个人物在你脑海中是什么样子。他们的面部表情如何?他们的肢体语言是怎样的?你相对于他们的位置在哪里?想象任何接触,比如一个拥抱或一只手放在你的手臂或肩膀上给你安慰,感觉如何?他们会说什么吗?如果有,留意他们的语气和任何让你感到安慰的话语。留意在与这个形象相处时你的身体感觉如何。仔细聆听,因为舒适体验可能比焦虑和愤怒等威胁系统的情绪更加微妙。

如果你不习惯运用意象,起初可能会感觉不自然,但通过持续的练习,情况会有所改善。值得庆幸的是,开始激活神经系统的镇静部分并不需要一个完美的形象——仅仅是你坐下来尝试这项练习本身也会产生同样的效果。每次你练习的时候,你尝试建立的新神经通路都会得到强化,因此持续练习,这一过程将会加强并变得更容易。

何时使用这个工具

当我们对所发生的事情感到沮丧、不安或情绪低落,并且对自己过于苛刻时,慈爱想象练习是一个愉快、舒缓的选择。它可以作为独立的练习使用,也可以作为补充加入以增强同情推理练习。

以下是我个人在工作中使用这一方法的方式:有时,我会有一个特别忙碌的诊疗日——那天早上,我接诊的每个人似乎都过得特别艰难。作为一名心理学家,我的动力是帮助他人感觉更好,因此,当所有人都同时陷入困境或危机时,这会触发我的威胁反应,产生类似以下自我批评的想法:我不适合这份工作;他们最好换一个治疗师;如果我参加了更多的培训,就能给出更好的答案。当我使用同情想象练习时,我会想起我的导师,她温暖且关怀的表达和支持性的话语提醒我,治疗是艰难的,而我正在尽我最大的努力。做这个练习时,我常常会给自己一个拥抱,慢慢轻拍自己,或使用蝶式拥抱。

回应消极想法

我之前多次提到了内在批评,这是一种消极的思维方式。消极的想法会直接影响我们的情绪。例如,"我还没有复习到通过考试的程度"这种想法会让我们感到沮丧和焦虑，而"我完美地完成了那个演讲"则会让我们感到自信和快乐。消极的想法最有可能在我们处于困难或压力情境时产生。这是我们的大脑试图帮助我们（感谢大脑！）的一种方式，它会警告我们所有潜在的危险。下面的表格是伊莱恩·博蒙特（Elaine Beaumont）和克里斯·艾恩斯（Chris Irons）在其著作《同情心手册》（*The Compassionate Mind Workbook*）中提供的一个模型，㊀展示了我们在不同模式下的思维是如何转变的。

	在黄灯和红灯模式下（警戒和紧急模式）的基于威胁的想法	绿灯模式（放松模式）下的同情想法
关注点	狭隘地集中在威胁的原因或触发因素上 在焦虑中，通常是指可能出现的问题或潜在的危险 在愤怒中，通常是指不公正或不公平的事情 在羞耻中，通常是指我们自己所感知的失败	开阔而宽广 我们能够"透过树林看到树木"，不被细节所迷惑
形式	重复性、沉思性和缺乏灵活性	灵活、平衡 我们可以注意到想法，但不会过度认同
内容	非理性的、消极的——"防患于未然"，过度评估风险和伤害的可能性	以关怀、支持、温暖和同情为基础——平衡
意图	由威胁性质和特定威胁情绪引导。例如： 如果基于愤怒，则有意图惩罚或复仇 如果基于焦虑，则有意图避免或迎合	肯定、共情和支持 有意保持敏感和乐于助人

㊀ 经授权转载。

第十一章 管理内在批评者的工具

每当建筑师苏拉杰收到设计修改请求时，他就会陷入无底洞（一种难以自拔的困境）。他会一整天都情绪低落，为了弥补这种情绪，他会放下其他项目并全心投入到新版本的工作中。他担心客户希望一开始就能分配到一个更有经验的建筑师——这样就能一次把事情做好，还担心他的经理会认为他工作能力不足。这些想法可能会进一步扩展到更加无益的想象中，例如他会被解雇并且再也找不到其他工作。

你是否有过这样的经历，当有人给你提供了一个全新的视角来审视这些想法时，你会感到一种解脱？虽然心理学家一直提倡寻求情感支持，但我们也知道，如果你不习惯这样做或者没有一个支持性的环境，这会很困难。在这种情况下，一个好的起点是学习如何同情地回应自己的负面想法。关键是要将想法仅仅看作是想法——而不是事实。它们可能是事实，但也不一定如此。正如你从上面的表格中看到的，当你处于威胁系统中时，想法更可能夸大风险的程度以及你坚信坏事会发生的确信度。

以下是帮助你以同情地回应负面想法的八个步骤。你可能会发现，借助日记或记事本来记录和整理这些想法会很有用。

1. 一旦你注意到自己的情绪已经进入黄灯或红灯（警戒或紧急）状态，**问问自己在此之前发生了什么**。通常，在长期的倦怠压力下，会有各种各样的压力源。记住你所经历的一切是有帮助的。但也要尽量具体一些。是否有某个特定的情况让你感到想要放弃或突然变得易怒？当时发生了什么？有没有人说了什么？是谁说的？

在苏拉杰的例子中，他可能会意识到自己已经承担了太多项目，因此在收到要求修改设计的邮件时，他已经感到压力很大。这封邮件的语气很生硬，而且客户也没有想到分享他们喜欢的设计部分，这进一步增加了他的压力。

2. 现在，我们应该尝试**识别出**你需要回应的**威胁性想法**。可以问问自己或记下这些问题：当时我脑海中闪过了什么？我对别人如何看待我有什么担忧？我对自己有什么担忧？

苏拉杰的想法集中在客户和经理对他的看法上，以及他对自己作为建筑师的未来感到担忧。

3. 这些想法随后**产生了什么情绪**？例如，愤怒、悲伤、内疚、焦虑。通常会有多种情绪混合在一起，如果你能识别出它们，这会对你有帮助。

苏拉杰对客户在初版提案中的表述不清感到恼火（愤怒）。他也为自己的工作未得到认可而感到难过，并且由于担心自己的职业生涯而产生了高度的焦虑。他为自己独自承受这一切而感到有些悲伤。

4. 接下来的步骤非常重要（所以不要跳过它），因为它能激活你神经系统的绿灯模式：你的舒缓模式。在尝试从其他角度考虑这个想法之前，你要**设定一个对自己充满同情的意图**。放松你的面部和身体肌肉，呈现出一种充满同情的身体语言，进行5~10次的舒缓呼吸。如果愿意的话，你还可以加入一些轻柔的敲打或视觉想象练习，持续几分钟。将温暖和善意带入前景，这有助于你的前额叶恢复功能，使你能够进行更加灵活的思考。

我和苏拉杰一起讨论了如何在工作中做到这一点。他尝试在厨房的水壶旁练习离开办公桌几分钟。在烧水时，他会利用这段时间绷紧并放松肩膀和手臂的肌肉（这是第五章渐进性肌肉松弛法的一个简化版本），然后做十次缓慢的呼吸。之后，他会尝试以更柔和的面部表情回到办公桌前，放下几分钟前挤起来的眉头。

5. **认可你的体验**。想象一下，在去见朋友的路上被雨淋湿了；如果朋友回应说："真烦人，你一定很不舒服，浑身都湿透了。"这种回应与"我看你也没那么湿嘛"这样的无效回应相比，你会有什么感觉？我们常常否认自己的不快感受，试图最小化它们对我们产生的影响。一个简单的陈述，比如"我现在有这样的感受是可以理解的"，就足以让我们与这些感受建立联系。

在这个例子中，认可苏拉杰的体验可能包括承认他在工作中感到沮丧是合理的，因为他付出了很多努力，他非常在意提供优质的客户服务，而他的努力却没有得到认可。

6. 接下来，你可以**问自己一些平衡性问题**，这些问题会激发并调动你的绿灯（放松）模式。这并不容易，你可能会注意到你的大脑在抗拒，这来源于大脑的威胁反应系统，但随着练习，情况会变得稍微容易一些，而且在此之前所采取的步骤也会有所帮助：

- 如果我没有感到压力和烦恼，我会如何看待这种情况？

苏拉杰：我会记得修改是整个流程中非常正常且可预期的一部分。我不是客户肚子里的蛔虫，所以不可能在第一次尝试时就达成他们所有的期望。

- 如果我的朋友遇到了类似的问题，我会对他/她说些什么呢？

苏拉杰：我会告诉我的朋友，这是一份棘手的工作，不可能每次都让所有人都满意。我也会提醒他们，他们曾经完成过很多出色的项目。

- 我对自己的要求是否和对别人一样？例如，我是否有必须达到某种标准的完美主义要求？我是否为他人承担了远超需要的责任？

苏拉杰：我不期望他人能在不进行任何修改的情况下顺利地完成项目，因此，确实，我可能给自己设定了不切实际的标准。

- 是否可能存在一些我未曾考虑到的原因来解释当前的情况呢？

苏拉杰：客户可能因为截止日期而显得态度生硬。他们可能并不清楚修改工作所需的时间。

7. **想想你以前是如何处理类似问题的**。当你处于威胁模式时，你往往会低估自己应对问题或渡过难关的能力。你可以使用意象技巧帮助你连接韧性和内在资源，从而帮助你应对问题。

苏拉杰回忆起上个月成功完成的一个重大项目，尽管在与客户的沟通中遭遇了多次波折，但他最终还是提交了一份让客户极为满意的设计方案。回想这一刻让他意识到自己是有能力的，而且挫折只是过程的一部分，他能够克服这些困难。

8. 鉴于此，接下来我们应**如何行动才是同情的呢？**这涉及将想法平衡转化为实际有效行动的过程。

苏拉杰认为富有同情心的做法是让他的经理知道，鉴于新的要求，他需要额外的时间来完成其他工作。他决定向一位先前与该客户有过合作经验的同事倾诉自己的挫败感。这位同事能够理解，客户在截止日期临近时往往会变得非常挑剔。作为接收方，这可能会让人感到很难受。苏拉杰感到自己的感受得到了认可，他的挫败感也随之减轻。

同情的推理并不容易。它需要练习。我们的威胁模式是如此紧迫和苛刻，它会抛出更多的负面想法，试图说服我们这样做行不通，或者提出以"是的，但是……"开头的额外问题。这里的目的是利用你的同情注意力，引导自己走向最有帮助的方向。问问自己："我现在可以做些什么来帮助自己？""我需要什么？"这能帮助你保持正确的方向。

强化自我同情的力量

负面思维之所以如此频繁地涌现，部分原因在于我们的大脑出于安全考虑，自然而然地倾向于"防患于未然"。例如，当一个朋友通过短信询问你："我可以打电话和你聊聊吗？"你的大脑可能会首先涌现出一种忧虑，担心他有什么坏消息要告诉你。这是神经系统准备采取任何防御或回避行动以确保安全的方式。有研究表明，感恩练习是一种很好的训练方式，它有助于我们关注生活中的积极方面，同时减少对潜在问题的过分关注。

最有效的感恩练习

传统的感恩练习鼓励我们列出积极的事情，如我们的生活环境、事件和物质财富。尽管这是一个不错的开始，但它也只是感恩练习的一种形式，而最新的研究为我们揭示了更多关于最有效方式的深刻见解。特别是，制作清单与撰写长篇感恩信之间存在差异，后者会产生更为持久的影响；社交感恩与非社交感恩之间也存在差异，我们将在下文详细探讨。

研究表明，社交感恩（我们对他人表示的感恩，或他人对我们表示的感恩）是一种更有效的感恩形式。这是因为我们的社交参与回路会被激活（绿灯模式），而我们在前几章的讨论中已经知道，这在调节神经系统方面非常有效。本质上，当我们向某人表达我们对他们所做事情的感恩之情时，这会加强社交纽带。

但这在实际操作中究竟是什么样子呢？在一项研究中，同事们被要求相互撰写感谢信。结果显示，收到体贴话语的人情绪会有所改善；脑部扫描显示，这些人的前额叶皮层（与绿灯模式相关的脑区）激活程度更高，从而为这一说法提供了证据。他们得出的结论是，接受他人的感恩是一种强有力的感恩练习方式。

虽然这给我们提供了一个美好的机会，即通过表达感恩来帮助他人感觉更好，但坐等他人寄来感恩信并不是一个有效的策略！幸运的是，2015年乔尔·王（Joel Wong）在美国开展的一项研究表明，定期撰写感恩信同样能够为写信者带来益处。参与者被分为三组：第一组被要求每周给某人写一封感恩信；第二组被要求写下他们对负面事件的想法和感受（表达性写作）；第三组作为对照组，无须完成任何写作任务。研究发现，相较于其他两组，写信组在心理健康方面展现出了持续长达12周的显著改善。值得注意的是，即便参与者并未将信件寄出，这些益处依旧存在。

如何将感恩练习融入你的生活

- 每周至少一次，回想那些曾经给予你支持或让你心存感激的人。
- 拿起一本笔记本，开始给他们写信（亲爱的……）。
- 写一页感谢信给他们；不必担心拼写错误，因为这只是写给你自己看的（当然，如果你愿意，也可以选择寄出去）。
- 详细描述他们做过或说过的哪些事情对你有帮助。
- 写一写这些事情对你产生的积极影响。
- 尝试专注于积极的措辞；王的研究团队在分析这些信

件时发现，那些使用更多积极措辞的人，往往拥有更为持久的幸福感。

值得注意的是，感恩练习在提升情绪和增强连接感方面的影响是逐渐累积的（可能不会立即显现），且并非永久持续（一旦我们停止练习，这些积极效果往往就会消退）。正如我们的身体无法储存维生素 C，需要每日摄取水果和蔬菜以获取其益处，同样地，为了保持最佳的心理健康状态，我们也需要定期进行感恩练习。

当你感到受阻时，应该如何应对？

如果你感到疲惫不堪、心情沉重，甚至产生了"有什么意义？"的念头，以至于难以迈出哪怕是小小的一步来安抚自己，那么这一部分内容特别适合你。这反映了你当前神经系统所处的状态，你可能需要回顾第五章，进行一些红灯模式的解冻练习，以帮助你的系统恢复能量。

还记得在习得性无助实验中出现的那些狗吗？它们不仅学会了自己无法控制局面，而且它们躺下的动作表明它们失去了尝试逃离电击的动力。为了克服这种放弃的冲动，实验者物理上移动了狗的腿，帮助它们移动到箱子的"安全"区域。这种激励性的刺激有助于打破习得性无助的魔咒。

对人类而言，这相当于什么呢？你可能听说过"权力姿势"——在进行重要且令人害怕的演讲之前，采取站直身体、双臂叉腰、昂首挺胸和双腿分开（像神奇女侠一样）的姿势可以让你感到更加自信。我们可以通过运动、赋能姿势、声音、气味和味道等途径，让自己接触到振奋人心的刺激，从而帮助神经系统为行动做好准备。同情心领域的专家在此基础上进行了研究，将振奋人心的刺激（通过音乐）与同情心练习相结合。以下步骤是对这一方法的改编，如果你在进行本章其他练习时感到缺乏动力，可以尝试这种方法。如果你能每天练习，将会获得最大的益处。当然，你或许会考虑在进行其他练习之前，先完成这个练习。

1. 选择一首或一段你认为令人振奋和充满活力的音乐。
2. 在播放这段音乐时，放慢你的呼吸，找到自己舒缓的呼吸节奏。
3. 想象当你吸气时，你吸入了一种温暖的、充满同情的光芒。
4. 当你呼气时，想象你向世界发出的光芒也是充满同情的，并且是与世界上其他人的同情光芒连接起来的。

如果你感到陷入困境，另一个重点是，这可能意味着你需要专业的帮助才能重新走上正轨。在这种情况下，寻求注册或持有执照的心理学家的帮助，可能是下一步的选择。

第十二章
重建你的联结

无论是在家庭还是职场,莎拉周围都聚集着很多人,他们应对压力的能力各不相同。在治疗过程中,她逐渐意识到自己承受了多少他人的痛苦,以及整个团队如何因现任校长的管理不善而深受其苦。她原计划给校董事会写一封信来反映这个问题,但在她鼓起勇气这样做之前,我们共同讨论了一些实用的方式,让她能够传递同情,并为她自己和那些同样承受压力的同事们营造一种安全感。她在教师群里发了一条消息,建议大家在周五一起享用 15 分钟的午餐,强调不需要对带来的食物苛求完美,即便是带一袋怪兽脆片来分享也是完全可以接受的——这样做的目的仅仅是帮助彼此休息一下。而且,只允许讨论与工作无关的话题!这种干预措施让她觉得是可行的,因为它具体、在她的影响范围内,而且是她无论如何都要做的事情(比如吃东西),所以她不觉得安排这样的活动会花费太多时间。

第十二章 重建你的联结

我们并非孤立存在。我们被家庭、团队、朋友和组织所包围。

在第四章中,我们探讨了环境中导致我们的神经系统以绿灯、黄灯和红灯模式做出反应的三 C 安全要素:情境(Context)、联结(Connection)和选择(Choice)。那时我们邀请你去寻找那些容易被忽视的安全信号——"微光",并鼓励你去努力靠近它们。在本章中,我们考虑如何更进一步;我们会探讨如何采取深思熟虑的措施,在你周围创造一个感觉更安全的环境,并有可能使这种安全感惠及与你共享这个环境的其他人。

值得注意的是:当环境让人感到安全时,我们就不再被困在生存模式中,神经系统的运作也会更加顺畅。这并不意味着我们不会再感受到外部压力,而是我们有了更多的应对方式,例如通过暂停和保持正念,留意这些压力是如何触发我们的内在批评者的。当每个人都感到安全时,就更容易相互提供同情的支持,并能够接受和倾听这种支持。

同情的支持具有强大的力量。研究一致表明,即使在团队面临最苛刻的压力源,诸如人类的苦难(急诊部或精神健康部门常有的事)时,同情也能保护人们免于倦怠。同情的支持能够创造心理安全的环境:让我们在感到不开心、担忧或自己不被重视时能够畅所欲言;或者让我们能够寻求并获得所需的支持和资源以实现自我提升。

在本章中,我们将聚焦于一些实用的方式,旨在增强你接触最多的社区和系统的三 C 安全要素(比如你的家庭或工作团队)。你在不同的系统中拥有不同的影响力,因此我建议你首先选择那些你能够最有效施加影响的系统。

如果你正从倦怠中恢复,那么你最不需要的就是承担起拯救每个人的责任并发起大型社区项目。因此,这里的想法仅仅是邀请你在有机会的时候,鼓励人们将同情向外传递。当然,如果你在工作中有影响力,能够影响预算的决策者,那么达到这一目标的一个基于证据的有效方法是对所有层级员工进行团体正念或同情培训。但是,如果这样做不可行,也不要灰心丧气——试试下面这些替代方法,看看能否产生一些连锁效应。

环境

我们需要努力创造有利于提升幸福感的环境,让我们有休息的时间,有交流的机会。

空间

- 思考如何配置空间以最大化安全感:如何优化自然采光?是否能在空间内增加更多植物或天然材料?
- 设立一个让人感到舒适的专门社交互动区域(参见第四章,我详细探讨了关于舒适和令人满意的感觉或环境),同时也要与工作及压力相关的提示区分开。如果你在办公室工作,这可能意味着在员工休息室禁止谈论工作——也许可以张贴一张友好的标志或给团队发一封电子邮件,建议将这个空间保留为员工休息和非工作相关话题的交流场所。如果对于你所在的空间无法进行实际的改造,那么可以通过邀请同事一起散步或喝咖啡来暂时远离工作的环境。

- 想想看，社交空间如何邀请非工作相关的并肩互动。这些互动感觉不像面对面的互动那么紧张。我经常发现，当我把一个500片的拼图放在咖啡桌上时，人们自然会聚集在一起，边找拼图边聊天。设立一个"展示与分享"的展示板，邀请人们分享他们的度假明信片、照片或工作以外的活动海报，也可以帮助激发类似的对话。你能在你常去的地方做类似的事情吗？

- 为团队或家庭中的任何人创建一个放松的角落或"站点"：这是一个可以让人们在压力时刻使用舒缓工具的地方，比如音乐系统、指尖玩具、闪光瓶、拉伸垫、舒适的沙发，或许是一面墙，用于展示来自客户或经理的感谢信或支持信，以及在你度过充满压力的一天后，需要听到的鼓励话语。

允许自己不忙碌

你可能有过这样的经历：度假归来后，你下定决心要养成每天午休的习惯，然而仅过了一周，你便发现自己已无法坚持。如果身处在一种过度工作的文化环境中，将忙碌视为荣誉的徽章，要挑战这一点可能会很艰难。

改变是困难的，也需要时间。你能否找到一个可以与你搭档的人，互相督促对方休息？你们可以互相询问是否已经吃过午饭，并提醒他们如果还没吃的话，可以暂时停下来休息一下。如果你是家长，同样的原则也适用，但可能需要短信提醒，或者轮流照顾对方的婴儿，让另一方休息。

从小事做起：如果你习惯于不午休，不妨尝试从五分钟的小憩开始。持续坚持数周，之后可以逐步延长至十分钟。如果你是家长或照顾者，无论是在工作日还是周末，午休对你来说同样重要。向孩子说明你需要一段独处时间是完全合理的。即使你觉得自己什么也没做，实际上并非如此。对于那些认为让孩子学会等待几乎是不可能任务的年轻父母来说，阅读帕梅拉·德鲁克曼（Pamela Druckerman）所著的《法国妈妈育儿经》（*French Children Don't Throw Food*）一书，可能会对理解如何引导孩子面对等待有所启发。

建议每周安排一次与团队或家人的聚会，并确保为这些聚会预留出专门的时间。一开始这样做需要付出很多努力，但一旦成为习惯，就会变得容易。

联结

重建社交联结可能在一开始会感觉像是一场艰难的战斗，因为陷入压力系统的人之间可能会出现负反馈循环。反馈循环就像是两个人之间熟悉且默契的舞蹈：当 A 向左迈步时，B 则会以向右迈步来做出回应。随后，轮到 A 再次采取行动，A 的反应又成为对 B 先前行动的回应，如此循环往复。当我们面对高度压力的环境时，两个反应性个体之间的反馈循环会加剧负面情绪，让人感到被困住且孤立无援。

以苏拉杰和他的同事杰克（Jake）之间的互动为例，我们可以看到一个典型的反馈循环：杰克由于临近的截止日期而承受压力，开始匆忙地完成工作→苏拉杰观察到这一情况，感到沮丧，因为这与他所认可的标准不符，因此他重做杰克负责的报告部分⟷杰克感到不满，认为自己的工作未被认可，开始疏远苏拉杰→这种相互的疏远导致了他们之间的关系紧张，同时两人的压力水平也相应上升。

系统在面对高强度外部压力时，可能会陷入功能失调的状态。一旦出现倦怠，负面反馈循环就会加剧。例如，当一个人因倦怠而失去活力，处于自动导航模式时，他们可能无法全身心地参与对话，从而遗漏一些关键信息。同事可能会将这种状态误解为冷漠，或者认为他们希望保持距离，从而选择与之疏远。这种循环若持续下去，可能导致倦怠者与其周围的人陷入一种恶性循环。

重新认识彼此

如果你有孩子并且仍处于一段婚姻关系中，那么你和你的伴侣就构成了一个由两人组成的小型系统，你们共同承担着管理家庭和抚育子女的责任。或者，你可能是大家庭中众多兄弟姐妹中的一员，你们可能需要共同面对棘手的或逐渐开始依赖你们的父母。

将你所在的每个小型系统都看作是你的"团队"，即使你可能不会这样称呼它。那么，如何才能让你的团队共同发挥良好的作用呢？通常情况下，压力会使你因负反馈循环而疏远团队成员，或导致你们互相攻击，而不是记住你们都有相同的基本愿望或目的。健康的人际关系中，积极互动与消极互动的神奇比例是5∶1。这意味着，你在每一次互相指责或批评对方后，需要五次积极的互动来维护关系的健康。当你因外部高压而陷入反馈循环时，即使"只是"日常生活的管理，这一比例也难以维持。

如果你目前的互动无法达到健康的5∶1比例，那么一次"团建"活动或许可以帮助你们重新建立关系，并让关系重新焕发生机。这可以是外出喝杯咖啡、吃顿饭或散散步。我明白这可能意味着你需要向他人寻求帮助，比如找人照看孩子或请几天年假。重要的是要记住，许多联结和同情的练习需要时间——它们不能被当作额外的任务来压缩，因为这样做只会增加更多的压力。

一旦你腾出了这段时间，就尽量少聊生活琐事。相反，可以探索你们的个人或共同的兴趣爱好。聊聊你们最近听过的播客或看过的电视节目，询问彼此最近的活动以及接下来几个月的计划。我每天都见到我的丈夫，但我们只会聊到"晚餐吃什么？"和"我们需要约一个水管工"这类话题。虽然我们在一起，但这种生活琐事的聊天并不能让我感到与他亲近。然而，正是这种亲密感让我们在遇到问题时能够更加温暖和体谅对方。它能让我们对系统中的其他人（这里指的是孩子）充满同情心，让我们更容易接受对方的帮助，因为我们彼此之间感到足够安全。所有这一切都有助于预防倦怠。

在工作中也是如此：设定禁止工作话题的时间意味着你可以更全面地了解周围的人。这增加了被支持的感觉并减少了孤独感。这也意味着当下次你们中的任何一人感到情绪低落或有压力时，你会更加敏感。

我有时向团队推荐一个实用工具——"关于我的手册"（www.manualof.me）来更好地支持团队中的成员。这是一个网站，它提供了一系列反思性问题，旨在帮助你了解自己的喜好以及那些可能给你带来压力的事物。如果你和你的同事或家人都填写了一份这样的表格，然后分享各自的回答，那么在某些情况下，你们就能更好地了解彼此的需求，从而减少猜测和误解。

反思的空间

在许多工作环境和家庭，人们在繁忙的日程中并未留出时间用于反思。反思使我们有空间去理解工作负担带来的情绪和决策。当大家一起进行反思时，还可以强调团队合作在解决任何困难中的重要性。如果缺乏反思，我们便无法识别哪些方法行之有效，哪些方法不尽人意，也无法共同解决问题或交流改进的思路。定期安排时间进行反思，可以让系统中的每个人感到安全，因为他们有机会分享自己的想法和感受。这使得每个人都感到被看见、被听到和被重视。

在团队协作方面，思考如何做到这一点很重要。或许可以在一天的开始和结束时安排一个简短且有明确形式的"会议"。例如，早晨的例行检查可以简单地分享你的工作计划、需要同事了解的信息（你需要的资源、预计的休息时间）以及任何担忧。而晚上可以涉及哪些工作进展顺利、哪些工作具有挑战性以及如何克服任何障碍的想法。定期的小规模检查意味着问题不会演变成大障碍。一些工作场所已经提供了类似的机制，比如英国国家医疗服务体系中的施瓦茨圆桌会议（Schwartz Rounds）——这是一种更正式的会议形式，旨在共同探讨护理工作中的挑战和成就。

在职场环境中，你可能需要一位外部的心理咨询师来为你创造这样一个空间；这可以增加安全性，确保会议能够顺利进行。而在家庭环境中，一个温和、定期的简短会议可以在早餐时或上学途中进行，或者在晚餐时或睡前进行。在任何例行检查中，尽量做到积极倾听；这意味着要全神贯注地参与对话，用心聆听以理解对方，而不仅仅是准备回应。

感恩

在上一章中，我向你介绍了有效感恩的科学原理，解释了社会性感恩对于保护情感健康的特别有效性。在缺乏感恩表达的系统中，个体容易感到被轻视，这导致工作变得毫无意义。因此，一个小小的改善方式是向身边的人表达感恩，这不仅能让你感觉更好，还能改善人际关系并让周围的人感觉良好。如果你天生并不擅长这一点，这表明你在生活中没有充分体验过这种表达。然而，就像本书中管理情绪的所有其他技能一样，感恩是一项可以在任何年龄通过练习掌握的技能。

关于感恩的误区

- 你不应该因为别人本来就应该做的事情而感恩。
- 你会宠坏他们，让他们变得自大。
- 感恩需要是郑重的举动。

第十二章 重建你的联结

关于感恩的事实

- 如果人们总是因为自己所做的事情而得到感恩,他们会感到被认可和自己的努力得到尊重,这会提高工作满意度。
- 表达感激并不会使人变得傲慢;相反,许多人可能会谦虚地回应,比如说"哦,这没什么",试图降低自己的贡献。然而,这并不表示你表达感激的努力毫无意义。他们或许当下无法接受这份感激之情,但当他们准备好时,可能会重新回味你的话语。
- 经常性的小感激比等待数个月后做出的大动作更有用。

如何开始

- 想想今天与你朝夕相处的人。他们可能是你的孩子、伴侣、孩子的老师或职场上的同事。
- 当你静下心来,是否能想到他们日常中的一件小事,让你感到温馨(哪怕只是微光)?例如,你的孩子是否穿戴整齐地下楼准备吃早餐?你的伴侣是否为你泡了一杯茶?孩子的老师是否微笑着在教室门口迎接他们?
- 给自己一个短暂的停顿(哪怕只是一瞬间),去感受这个人存在于你的生活中,以及他们的举动对你来说意味着什么。
- 对他们微笑,并尝试用言语表达你的感受,比如,"我喜欢你衣着整齐地迎接新的一天的样子,谢谢你";或者,"我可能没有经常表达,但我确实很感激你早晨给我泡的那杯茶";又或者,"我很喜欢你每天早晨迎接[孩子的名字]的方式——谢谢你花时间站在门口迎接他们"。

- 注意，他们可能会试图回避你的感激，但请记住，这并非对你或你所说的话的否定。

选择

要记住，选择也有一个最佳点——太多的选择会让人感到不知所措，而太少的选择则会让人感到被束缚——尽量找出那些你可以有所选择的小事。

在接纳与承诺疗法中，我们探讨来访者对他们选择的看法。即使他们觉得自己别无选择，被繁忙的日程或思绪的混乱所困，我们也会帮助他们找到那些可以帮助他们走向最佳点的小选择。例如，你仍然可以选择以某种方式移动你的身体，比如伸展、放缓呼吸或有意识地将注意转移到某件事上；比如，从一个担忧的想法转移到一个新的活动上。也许你可以选择从哪个项目开始，或者如何分配工作，甚至是在哪里工作。

如果你能找到一个伙伴作为你的责任搭档，你们就可以互相监督，及时发现对方是否又回到了导致倦怠的旧的不健康习惯中。比起感到不堪重负或受困的人，责任伙伴可以更容易地看到和说出其他选择。

如果做出选择需要进行研究或获取信息，比如确定该委托给谁，或者该联系谁。责任搭档可以更清楚地看到这些途径，而一个被困在茫然无措的障碍背后的人则不易看到。

第十二章 重建你的联结

在规模较大的组织中，规章制度可能会限制选择的自由，因此结成联盟可以增强你的选择能力，因为多个声音更有可能被听到。你独自面对这些事务感到筋疲力尽时，与志同道合者同步，可以舒缓你的神经系统。

选择如何看待他人

当我们感受到压力时，我们可能会产生更多关于他人的负面想法。例如，我们更倾向于将某人令人不快的行为归咎于内在因素（"他迟到是因为他自私"），而不是外在因素（"他迟到可能是因为交通拥堵"）。我们可能难以认识到自己对他人的看法是带有选择性的，但事实确实如此。

有一种技巧能帮助我们向系统内的其他成员传递同情，从而软化我们对他人的看法，并促进更多的接纳与理解。这种技巧被称作"慈爱冥想"（Loving-Kindness meditation），其具体操作步骤如下：首先将同情指向自己；放缓呼吸，将手放在心口，默念这些话语（或者任何适合你的话语）："愿我幸福，愿我平安，愿我内心平静。"接着将同情转向系统中的其他人，让心中浮现他们的形象，放缓呼吸，对自己默念："愿你幸福，愿你平安，愿你内心平静。"从你非常在意的人（比如家人或朋友）开始，然后逐步扩展至那些你对他们持中立态度的人（如公交车司机或同事），最后选择一个你当前相处有困难的人（如与你有过分歧的人）。起初，这个练习可能会显得有些艰难，但每周坚持练习几次，将有助于培养你的同情之心。

我们将在第四部分更深入地探讨你可以转向的个人选择。

第四部分

倦怠后的成长

在创伤治疗中，我们讨论的是创伤后成长：在经历了逆境之后，通过拥抱你的人际关系、欣赏生活中的新元素并愿意做出积极的改变，从而变得更加强大的过程。研究表明，大约50%~70%的人都经历过这种过程，其中那些愿意重新审视自己信念体系的人更有可能实现这种成长。我们可以将创伤后成长的这些经验应用于倦怠的恢复过程中。我将此称为倦怠后成长。

第十三章
奠定基础

斯科特的创造力、精力和热情似乎已消耗殆尽,这让他感到不知所措。他的事业曾是他的骄傲和快乐,但被束缚和压垮的感觉并不在他最初的事业计划中!尽管如此,这种沉重感对他而言并不陌生;他回想起在前一家公司工作时,那段被他妻子称为"精神崩溃"的经历之前,他也曾有过相似的感受。那是一段紧张的时期。在经过数个月的连续熬夜和加班之后,他感觉自己整日都处于恍惚状态。某天清晨,他醒来时感到头脑昏沉,无法像往常一样一大口喝下早上的咖啡/茶,然后早早出门。更令人不安的是,他一度暂时失语。他请了一段时间的假,最终做出了一个重大决定:递交辞呈,并开始自己的项目。他渴望拥有自主做决定和管理时间的自由。因此,当他意识到倦怠的迹象再次出现时,他感到非常震惊。或许他需要做出的改变不仅仅是更换雇主?或许他需要彻底改变自己与工作

第十三章 奠定基础

的关系？

倦怠会改变你对自身和世界的基本看法。这不仅关系到你与他人的交往方式，以及你如何投入活动中，还关系到你自己的希望和梦想。因此，当你的自我认知或世界观发生根本性的变化时，这是一件大事。

许多人在经历倦怠后，会对自己的职业生涯、上司、支持系统和组织感到幻灭。或许你仍记得，自己在数个月甚至数年的时间里，反复遭遇被辜负或被贬低（"煤气灯效应"），被灌输自己是失败者的观念，而不是得到完成工作的适当资源。这会影响你对他人的信任感，使你难以建立人们常说的健康界限。要从这种状态中恢复，需要温和而持续的努力。

意识到自己的身体无法永无止境地运作，或者你曾经引以为傲的"超级父母"形象已经瓦解，这可能会让你感到极度震惊。我曾经和一个名叫"超级西蒙"的人共事过——这是他的同事和家人给他起的绰号，这源于他长时间的辛勤工作以及极高的可靠性。他从疲惫中恢复的过程之所以如此漫长，部分原因在于他感到支撑自己身份的核心部分已经无可挽回地失去了。没有了"超级"这个标签，他就"只是"西蒙，这让他感到自己一无是处，因为他的自我价值感过于依赖成就。他的治疗过程就是去理解没有"超级"这一标签的西蒙究竟是谁。正是在这个过程中，他得以发现自己身上被"超级"标签掩盖的特质：他与自然的联系、他对播客喜剧的热爱，以及他与妻子的关系。通过这些发现，他超越了过去狭隘的自我认知，实现了积极的个人成长。

重拾你的核心价值

由倦怠引发的转变，为我们提供了类似西蒙所经历的倦怠后成长的机会。这里的"成长"意味着做出一些改变，这些改变不仅能够保护我们免受进一步的倦怠侵袭，还能使我们的生活更加充实。然而，改变是困难的！我们都有自己熟悉且根深蒂固的旧有行为模式，因为多年的重复已经将这些神经网络深深嵌入到了长期程序性记忆中。建立替代性行为模式意味着要逆流而上，建立新的神经网络，直到这些新的更健康的行为成为习惯。

当我们与自己的价值——那些指导我们行为并赋予生活意义的原则——紧密联系时，即便是艰难的事情，也会变得稍微容易应对。

我们的日常生活常常为待办事项清单所控制，这些清单列出了我们希望达成的诸多小目标。而这些小目标，通常是为了达成更大的目标，例如完成一个项目、获得一项资格认证或实现职位晋升。这些目标与价值不同。价值是关于我们想要如何生活的理念，而不是一个具体的结果。你可以将你的价值想象成指南针上的指针，指向你想要前进的方向。当你的日常行为符合你的价值时，你往往会感到充实和有意义。你的价值构成了一个健康驱动系统的积极推动力，然而在长期压力引发的倦怠期，当你的威胁系统过度活跃时，这些价值往往会迷失。

怎样才能重新与积极的激励因素（价值）建立联系？

为了更有效地重新与积极的激励因素——（核心）价值建立联系，我们可以从生活的不同领域来思考。在倦怠的情况下，人们往往只专注于一个领域（如工作或学习），从而过度投入而忽视了其他领域。意识到自己生活中的各个领域都蕴含着丰富的可能性，这是非常重要的起点。

这种价值途径来自接纳和承诺疗法（acceptance and commitment therapy，ACT）。请查看下表中列出的领域，并花些时间思考相关问题，以开始评估您的价值。㊀幸福的关键在于平衡，所以留意自己是否有跳过某个领域的冲动（除非该领域与你无关，比如育儿），并尝试在这些领域上花一点时间。

领　　域	问　　题
家庭关系	你希望成为什么样的兄弟姐妹、父母或子女？你希望在这些关系中展现出哪些品质？
亲密关系	你想和你的伴侣建立什么样的关系？
朋友关系	如果你们能成为最好的朋友，你会做些什么？
养育	在养育孩子的过程中，你希望自己具备哪些品质？作为"理想的自己"，你会如何表现？
职业/工作	你认为工作中什么最重要？怎样才能让工作更有意义？你希望建立什么样的工作关系？
教育与个人成长和发展	你希望学习哪些新的技能或知识？

㊀ 改编自拉斯·哈里斯（Russ Harris）的作品，经授权转载。

(续)

领　　域	问　　题
休闲、乐趣和娱乐	你喜欢做什么？ 如果没有人关注，你会如何度过你的时间？
精神生活——其含义很灵活，如循环往复的生活方式、亲近大自然或遵循更正式的精神道路	在这个领域，对你来说什么是重要的？
社区生活	你想如何为你的社区做贡献？ 你喜欢在什么样的环境中度过时间？
健康和身体自我照顾状况	在饮食、睡眠和运动方面，你打算如何照顾自己？

在探索这些问题的过程中，你或许会察觉到自己以感觉来回应某些问题，比如"我想要感到快乐"，或者用目标来回答，"我想在工作中表现出色"。这些并不是你可以遵循的价值，所以，要想从你的答案中挖掘出这些价值，你需要进一步追问自己："如果我在工作中表现出色，我是怎么做的？"作为一名心理学家，我会这样回答这个问题："我会同情且临在地对待我的来访者。我会与其他专业人士保持联系，并在我的项目中发挥创造力。"

以下是一些可能对你有所帮助的价值（此列表并非详尽无遗）。

冒险	勇敢	友好	独立	耐心
接纳	创新	乐趣	亲密	当下
真诚	好奇	灵活	勤奋	尊重
美丽	可靠	慷慨	正义	自我发展

第十三章 奠定基础

关爱	平等	感恩	善良	自我意识
挑战	赋能	诚实	爱	精神
同情	宽恕	幽默	正念	支持
联结	忠诚	健康	开放	值得信赖
贡献	健身			

以上所有关于价值的信息，在三个方面对你的倦怠后成长非常有用：

1. 它能帮助你明确在哪些领域你有所疏忽，而这些领域本可使你的生活更加平衡。例如，企业家斯科特除了工作和个人发展之外，几乎忽视了所有其他领域。他并未投入时间去探索其他领域，尽管内心的愧疚感不断提醒他，他并未完全遵循自己的所有价值。

2. 这可以提醒你，在你目前投入大量时间的生活领域中，你期望以何种方式展现自己。例如，尽管斯科特花了很多时间工作，但他的工作方式往往并不符合他的所有价值。他是勤奋的，没错，但并不像他希望的那样开放或富有创造力。事实上，由于压力大且反应过度，他经常与这些价值背道而驰。这种感觉并不好。投入时间深思职业生涯中的问题，并结合以下步骤，帮助斯科特仔细考虑为了提升工作成就感所需进行的变化——例如，获取更多支持，以便他能够重新腾出时间进行创造性思考。

3. 价值可以作为你日常决策的基础。如果你觉得某件事很难，但会带你向价值迈进一步，那么这可能是一个不错的选择。

迈向基于价值的生活的步骤

问问自己:在前面的表格里,哪些领域与你的价值高度一致,哪些又不尽然?哪些被忽略的领域能助你实现生活的均衡?挑选一个领域,集中探索。

现在,你可以采取以下六个步骤来制定与此相关的有意义的目标。

步骤1:简要描述你已确定并希望着手的领域及价值。

例如,在友谊领域,我重视值得信赖、乐趣和联结。

步骤2:为自己设定一个可以立即执行的小目标。

你现在能采取的实现这一价值的最简单、最容易的小行动是什么?在实际要安排的事情或出现的担忧中,哪里的阻力最小?例如,你可以给某位朋友发一条语音或短信,告诉他们你正在想他们;或者分享一些最近发生的趣事,这些趣事让你想起了他们。

步骤3:规划你的短期目标。

本周你可以采取哪些符合这一价值的小步骤?目标越具体越容易达到。例如,明天我会给几位朋友发短信,看看谁有空在周五午休时一起聚聚。

步骤 4：设定长期目标。

现在开始思考更长远的目标。你可以为自己设定哪些挑战，从而更接近自己的价值？也许，我会安排与朋友定期见面，一起散步。或者，我会邀请朋友来我家过周末。

步骤 5：改变生活的目标。

这听起来可能有些夸张，但如果你已经陷入严重的倦怠，这一步至关重要，而且可能非常必要。当你仍深陷于倦怠时，做到这一点会非常困难，因为疲惫的大脑更难构想出一个与当下不同的现实。

想象一下，五年后的你出现在你面前，而这个未来的你过着你所向往的生活。他在做什么？他周围有哪些人？他取得了哪些成就？他的生活中有什么是你所向往的？设想一下，如果他摆脱了他人的期望和评判：他将自由地追求什么？

记录这些问题，与他人交流，并从书籍、电影和播客中获取灵感。看看这会把你引向何方。允许自己自由地、轻松地去畅想，并大胆地去梦想。你或许梦想着在一个全新的领域开创自己的事业；或许梦想着在新的地方生活，或创造一些非凡的成就。所有这些都可以成为激励你前行的灵感。

步骤 6：想象你将如何实现这一点。

研究表明，想象结果有助于我们达成目标——例如，运动员花时间想象他们要比赛的赛道,并在心理上演练他们何时会拐入赛道的弧线,或在遇到障碍时改变步伐。

闭上眼睛,想象你为达成更大的目标需要采取的步骤。当你遇到任何障碍或产生担忧的想法时,允许自己考虑如何应对这些情况。对自己说"我能处理好",然后在头脑中想象你会如何应对。在脑海中像放电影一样想象这幅画面,直到结束。如果你愿意,可以重复这个过程。

可以通过双侧轻拍来加强这个效果(见第五章)。

付诸行动

现在,你已经准备好采取具体的行动了,因此考虑一下你将需要哪些资源。这些可能包括实用的东西,例如一本新的日记本或习惯追踪应用程序;或者是情感支持资源,例如一个负责监督你进度的伙伴或一系列积极的提醒。将这些放置在你容易接触的地方。

以下是一个示例,展示了你的目标,以及价值、目标和行动之间的差异。

领 域	价 值	目 标	行 动
职业/工作	创新 勤奋 可靠	今年要成为主管 为此参加主管培训	研究主管培训 报名

(续)

领　域	价　值	目　标	行　动
健康/身体	健身 乐趣 赋能 独立	开始定期慢跑 参加人生中的第一个5千米赛跑	买一双合适的跑鞋 下载"从沙发到5千米"App 进行第一次慢跑

记住，目标可以达成，但价值是无法完成的。每天采取一些与自身价值相符的小行动，将有助于你通过构建有意义的生活，从而摆脱倦怠。如果你的身份认同因倦怠而受到冲击，你可以选择那些能更全面地支持你身份认同的价值。例如，超级西蒙重视爱、冒险和乐趣。在倦怠恢复过程中，他意识到勤奋这一价值占据了主导地位，以及一个能够帮助他将"冒险"作为生活核心的日常行动：带着狗去海滩和林地，而不是每次都绕着街区匆匆转一圈。

假如你有两个互相冲突的价值怎么办？

阿尼卡重视成为一位耐心、慈爱且陪伴在孩子身边的母亲。然而，她同样渴望成为一个尊重他人、富有同情心、密切关注自身的个人成长的管理者。有时，这两个角色会争夺她的时间，例如有一次她受邀参加一个有助于履行管理职责的会议，但会议安排在休息日，而这一天她通常会与孩子们共度。因此，在会议当天，她努力寻找一些小行动，哪怕只是短暂地践行自己作为有耐心、慈爱的母亲的价值。例如，她会在早餐后才打开手机，并确保在出门前全心全意地陪伴孩子。

为了追求核心价值，你需要牺牲什么？

乍看之下，这个问题似乎颇具挑战性，但如果你深入思考，它或许能让你豁然开朗。

如果你已经感到倦怠，那表明你在追求工作相关的目标或优先考虑他人时，已经做出了牺牲：你已经牺牲了你的健康和福祉。如果你开始重新找回这些，你就需要放弃一些其他的东西——因为你无法在一天中挤出更多的时间。例如，超级西蒙逐渐意识到他正在舍弃自己的全能身份认同，阿尼卡也认识到她需要放弃对快速晋升的执着追求，而苏拉杰则意识到他必须放弃试图取悦所有人的努力，等等。你甚至可能需要考虑放弃一些你长时间辛苦建立的实际成就，例如你的生意或事业，转而投身于更符合你价值的其他领域。

不要让时间和精力的沉没成本（你已经完成的事情，其成本无法收回，如培训或资格认证）阻碍你认真思考这个问题。如果你重新开始，并非从零开始——而是从经验出发。并且试着从大局出发：五年后，如果你不做出这些改变，对你来说意味着什么？如果你做了，对你来说又意味着什么？将这些思考记录在日记中。

重塑自我关怀：珍视自己

既然你正在阅读这本书，并在经历倦怠期间或之后关注自身的需求，那么我将假定你有一个关于健康、自我关怀或自我发展的核心价值。遗憾的是，"自我关怀"这个词常常带有负面印象：它经常被认为是现实生活中人们无暇享受的奢侈品；而且还有一种误解是，自我关怀应该立刻让人感觉良好。实际上，自我关怀关乎基本的身体、脑力和生活的维护。它是那些微小且日常的习惯，帮助你创造一个你不想经常逃离的生活。其累积的效应会是积极的，但你可能不会从一次性的自我关怀活动中获得明显的愉悦感。

如果我们采纳你在本章中所做的关于价值的工作，并将自我关怀重新定义为"珍视自己"，会怎么样呢？如果你长时间忽视了自己，那么回到最基本的事情上来，了解自己应该定期做些什么，可能会对你有所帮助。

每天

起床；注意个人卫生；吃有营养的食物；活动身体；与他人交流；休息（不创作、不生产、不做任何事、不睡觉的时间）；进行情绪健康的练习（即使时间很短），例如正念、呼吸、手放在心上等；保证充足的睡眠。

每周

每周在工作内容、饮食、活动方式等方面保持多样性；确保已经准备好了正常生活所需的各种资源，比如干净的衣服、冰箱里的食物、整洁的空间；包括反思时间，比如做计划或写日记，检查自己的感受和状态，同时思考即将发生的事情以及你可能需要什么。

每月

参加任何健康检查预约；确保满足所需，例如应季的衣

> 服、支付账单等；从工作或家庭责任中抽身，享受真正的休息，并安排好下一次休息的时间，以便提前规划；安排一些"团建"活动，以便与他人在生活和工作管理之外建立良好的联系；安排一些能让自己感到充实、兴奋或愉悦的项目，比如手工或 DIY 项目、读书、训练狗狗坐下——任何能让你的大脑得到休息并安定下来的事物。
>
> 一些人发现，每天划出一段时间进行"珍视自己"的活动是极有益的。如果你发现这样做对你很有用，不妨在你的日程表中每周预留出 15 分钟。实际上，这些活动不应被视为可有可无的附加任务——除非你刻意安排它们，并以此为中心来调整你其余的所有事务，否则你不太可能看到任何改变。

一旦你对自己的价值有了清晰的认识，你就可以着手探索在走出倦怠之后如何才能蓬勃发展，我们将在最后一章中进行详细阐述。

第十四章
蓬勃发展的工具包

还记得阿尼卡每天下班回家总是很晚,错过了孩子们的睡前时光,那时她对自己有多么苛责吗?

自我同情不仅仅是温和地与自己对话并抚慰我们的痛苦,它还包括采取持续的行动,帮助你进入一个更好的状态:倦怠后的成长。在阿尼卡的情况中,这包括学会倾听自己的身体,以了解自己需要什么,然后学习什么是界限以及如何维护它们(这意味着要和同事们进行一些棘手的谈话),以便她能够保护自己的时间和精力。

对于斯科特来说,倦怠后的成长意味着学会放慢脚步,审时度势地做出决定,而不是像以往那样快速反应。

莎拉学会了如何在晚上从工作中抽离出来,这样她就可以遵循自己的其他价值,比如瑜伽和友谊。

苏拉杰学会了如何为自己设定更现实的标准,这让他感到压力减轻了。

以下是一些倦怠后成长的实用建议,这些是你可能在设定界限和某些方面的自我关怀中所缺失的健康生活的工具。对于那些对你而言全新的工具,你可能会觉得它们具有挑战性。因此你需要打下坚实的基础,以便能够坚持使用它们。

你可能并不需要这里列出的所有工具,但让我们先来看一下,然后再确定你需要重点关注哪些方面。

1. 识别个人的倦怠迹象

翻阅第一章,回顾"倦怠的五个阶段"和"倦怠症状清单"。识别出你身上最明显的两到三个行为、想法或身体反应。这将助你更快地辨识压力累积的征兆,并激励你迅速采取积极措施。如果你愿意,与你的亲密盟友——伴侣、家人或密友——进行交流。询问他们是否观察到你可能忽略的倦怠迹象,并请他们在下次察觉到这些迹象时(以充满同情心的方式)表达他们的关切。

2. 学会放慢脚步

当你面对需要大脑高级功能和审慎决策能力的情境时,放慢脚步尤为重要。如果当前并非真正的紧急状况，那种急于行动的冲动实际上可能是神经系统过度紧张的信号。如果你能记住这一点，就能将这种紧迫感视为需要暂停的信号。放慢脚步，哪怕只是微微停顿一下，也能为你提供空间去倾听自己的身体和情绪，从而谨慎地做出决策，并在回应之前重新与自己的价值相连。缺乏这样的暂停，你可能会对自己的行为感到后悔，并可能加剧导致倦怠的大起大落模式。

如何放慢脚步

再次强调，这正是正念发挥重要作用的地方。正念使你能够从当下的情境中抽离出来，获取一种鸟瞰的视角。你是否曾观看过那种"制作花絮"风格的纪录片或电视节目，其中有一段旁白描述正在发生的事情以及在节目演进的某些关键点上如何做出决策？定期进行正念练习可以让你拥有这样的旁白叙述能力。例如，本周的一个晚上，我下班后正在做晚饭：我一边在努力回忆一道菜谱，一边听着收音机，我的女儿在厨房餐桌上做作业，时不时地问我一道数学题，然后我的另一个孩子走进来问我他的乐高玩具在哪里，并抱怨我在做的饭菜。啊……

借助正念，我得以暂停一下，并觉察到自己有多么燥热和紧张，还意识到自己有一种强烈的想要对不高兴的孩子发火的冲动。这时，我的脑海里响起了这样一段旁白：你感到很紧张，你觉得又燥热又紧绷；现在做什么能帮助到你？这个短暂的停顿足以让我做出两个有助于消除一些刺激因素的决定。首先，我关掉了收音机；其次，我告诉孩子们，我需要一次专注于一件事，设定了一个界限。我告诉他们，我会在准备好晚餐后回答他们的问题。

3. 学会从工作中"抽离"

我们常常在谈论如何从工作中抽离时使用"断电"这个短语。然而，对许多人来说，这并不是一个简单地按下开关的过程；一个更恰当的比喻是，想象自己像开车换挡一样逐渐减速。

许多处于倦怠状态的人表示，他们在这一方面感到非常吃力，常常认为大脑在休息时产生的"待办事项"类想法实际上是在暗示他们应该立即采取行动。然而，事实是，你的大脑是一台解决问题的机器，如果它当前没有专注于某项任务，它就会寻找下一个需要解决的问题。这就意味着，你的休息时间可能会被这样的想法填满："我还没给乔治回邮件！""我还没给萨莎买生日礼物！""我需要付钱给擦玻璃的人！"等。以下是一些帮助你放慢速度的技巧：

- 遵循一个逐步放松的程序。从工作状态切换到非工作状态是你一天中的一个转折点，因此请尝试明确标记这一刻。如果你正在离开工作场所，或许你可以从整理工作区域开始，让它为第二天做好准备；伸展手臂，关闭电脑或其他设备；在通勤路上听一些轻松的播客、玩电子游戏或阅读书籍。如果你

第十四章 蓬勃发展的工具包

是居家办公，或者你是一名照料者、学生或家长，这一点同样重要。确定你从处理非紧急事务（如家务、复习或生活琐事）中"下班"的时间，如果有任何未完成的任务，将它们记录在待办清单上；用短暂的散步、洗澡或换上舒适的衣服来标记你工作日的结束；如果可以，尝试给自己留出 15 分钟的独处时间——想象这是你回家的通勤时间，人们通常会在这个时候放松：听听播客、给朋友打个电话、织织毛衣、读读书、玩玩电脑游戏或弹弹乐器；做任何能释放因全天"在线"而积累的压力激素的事，同时也向身体发出信号，表明你的工作日即将结束。

- 请记住，像这样的新程序需要时间才能成为习惯。做好至少需要三到六周努力的心理准备，之后它才会变得自然起来。

- 练习正念。没错，又是这个！当你已经打算逐步放松或做一些放松的活动时，正念能帮助你意识到自己何时被拉回到聚焦问题的思维模式，以及想要重新回到"行动模式"的冲动。

- 参与能吸引你的活动。转向一种别具一格的有趣活动可以激活大脑的新区域，帮助你的思考大脑从待办事项清单中解脱出来。例如，创造性活动、玩游戏、运动或业余爱好。

- 减少工作提醒。当你的大脑被工作相关的事物提醒时，你就会有更多的行动模式的想法出现。这可能表现为视觉提醒（看到一堆待洗的衣物）或电子邮件通知。如果你的工作与家庭生活是分开的，这可能会更容易实现，但也可能需要采取一些实际措施——例如，购置一部专门用于工作的手机，或者向经理申请报销相关费用，这样你就可以关机并把它锁起来；把与工作相关的应用程序从主屏幕上移除；或者如果无法拥有专用于工作的手机的话，可以在下班后登出程序。

- 对于家庭中的提醒事项，我发现隐藏未完成的工作是很有帮助的。我在家里有一间办公室，关上门会对我有很大帮助，否则我路过时就会忍不住进去。当我的孩子们还小时，他们制造的乱七八糟的东西更多，我晚上会把他们的玩具堆成一堆，并用毯子盖住，这样在看电视时就不用看到那些乱糟糟的东西了。留出一个舒适或安静的空间专门用来放松，也是让自己进入放慢速度的心理状态的一种美妙方式。

4. 学会什么是真正的休息

倦怠是缺乏适当休息的直接后果。休息往往被狭隘地理解为身体上的暂停和保存能量水平的行为。然而，休息远不止于此。想象一下，你正在绘制一道彩虹，每种颜色代表不同类型的能量储备：紫罗兰色可能是身体能量，靛蓝色可能是情绪能量，蓝色可能是大脑/思维能量。彩虹的美妙之处在于所有颜色都闪耀着光芒，为了实现这一点，你需要在一天和一周中合理安排从这些能量储备中汲取能量。

第十四章 蓬勃发展的工具包

如何休息

在我接触过的理论中，对我的咨询实践最有用的一个，源自心理学家苏西·雷丁在其著作《休息以重置》（*Rest to Reset*）中所阐述的观点。她提供了一个非常实用的模型，称为"休息的八大支柱"㊀，邀请你思考自己一直以来在情感和体力上的能量消耗方式，从而确定在任何特定时刻你可能需要什么。

休息不必等到一天结束时才进行。花些时间思考你一整天的安排，想想如何在以下八个方面做出调整以达到平衡，哪怕只是一些小小的改变，例如步行开会、在日程转换时做伸展运动、打电话给同事讨论问题而不是发电子邮件。

运动 ⟷ 静止

你今天活动得多吗？如果你长时间坐着，现在是否需要多活动活动？还是说此刻你需要安静地待着？

刺激 ⟷ 从刺激中解脱

今天你的感官是否用得很多？哪些感官？如果用得很多，怎样才能让它们休息一下；如果用得不多，什么样的刺激能让你达到平衡？

高能量水平 ⟷ 能量的舒缓释放

你是否需要一些能振奋精神、充满活力的东西，因为你感到精力不足？还是你积聚了过多的能量，感到坐立不安，需要释放一下？

独处 ⟷ 与他人相处

你是否已经独自待了一段时间，现在渴望有人陪伴？还是说一整天都在社交，此刻需要独处？或者只想和朋友、伴侣或宠物待在一起，寻求慰藉？

㊀ 经苏西·雷丁和 Octopus Publishing 授权，通过 PLSclear 予以转载。

正念专注　　　　　⟷　　　　　自由、漫游的思绪

你的大脑一直处于怎样的状态？如果你一直在进行高强度的脑力劳动，或者在听讲座、与客户通话时一直在接收信息，那么或许你需要让大脑放松一下，通过一些轻松或"简单"的活动来减压，比如听音乐或者涂色。

情感表达　　　　　⟷　　　　　从情绪中解脱

有时，暂时停止情感表达是有益的；而在其他时候，你可能不得不压抑自己的情绪以便继续进行其他活动。你现在需要关注并记录这些情绪，还是暂时搁置它们？

舒适自在　　　　　⟷　　　　　富有弹性的挑战

这一天是不是平淡无奇，单调乏味？或许你需要点新鲜事物来提提神？又或许你渴望熟悉的日常，渴望窝在沙发上的那个角落，渴望与你的书、手机或电视来一场约会？

给予　　　　　⟷　　　　　接收

谁曾是你关怀的对象？如果你在工作或家庭中一直为他人付出，那么现在你又如何能地接受他人的关怀呢？当你本能地想要拒绝时，能否请别人帮忙哄孩子入睡，或者接受他人提供的帮助？又或者，如果你一整天都未曾给予他人关怀，而现在想要这么做，你又该如何回馈，比如向家人或当地社区伸出援手呢？

5. 学会如何入睡

有一种普遍的误解认为，人在极度疲惫时很容易入睡。但在倦怠状态下，你可能会发现事实并非如此。你处于"疲惫但亢奋"的状态：极度疲惫，却无法进入深度睡眠。这是因为入睡的最重要因素实际上是感到足够安全。对我们的祖先来说，这意味着远离捕食者和其他危险；而在现代，这等同于没

第十四章　蓬勃发展的工具包

有任何事情需要你去完成，并且你的神经系统能够释放足够的压力激素，以便将身体切换到"绿灯模式"。第五章提供了达到这一目标的实用练习，建议你定期进行练习。但如果你特别专注于让睡眠回到正轨，你需要将这些练习与一些实际步骤结合起来：

- 你需要一个专门针对就寝时间的放松程序。这不需要很复杂或花哨。可能只是简单地看一会儿电视，然后换上睡衣，再看一章书。

- 几年前，关于科技产品和睡眠的建议相当明确：为了避免屏幕发出的蓝光干扰褪黑激素的产生，睡前几小时内应避免使用所有屏幕。然而，最新的研究表明，并非所有的屏幕使用时间都对入睡产生相同的负面影响。实际上，如果你使用的科技产品能帮助你放松——比如看电视（即被动地消费媒体内容）——它反而可能对睡眠有益。然而，当你的数字消费更加积极主动时，如玩游戏、工作或在社交媒体上发表评论，你更可能处于黄灯模式，这意味着你需要留出时间让自己从这种使用状态中放松下来。因此：考虑到你的屏幕使用时间的类型，如果不是让人放松的绿灯模式，确保在熄灯前尽早地停止使用，转而进行更放松的活动。

- 对于任何会刺激你神经系统的活动，也应遵循相同的建议。如果你想写日记，确保在晚上较早的时间进行，以免自己变得兴奋。

- 在床头准备一本记事本，以便当你试图入睡而脑海中突然涌现出一些待办事项时，将它们记录下来，从而使大脑得到放松。

- 如果你尝试了 20 分钟后仍然无法入睡，不要继续躺在床上，因为这会让你感到压力，从而在床和负面情绪之间建立联系。起来进行一些温和且不刺激的活动。当你开始感到困倦时，再尝试回到床上睡觉。
- 当你躺在床上时，可以尝试进行正念练习和/或渐进式肌肉放松。这样做不仅表明你准备进入睡眠状态，同时也向你的大脑和身体传递一个信号，即你已经准备好放下压力和忧虑，迎接一夜安眠了。

6. 学会什么是界限以及如何设定界限

界限是你围绕自身资源的无形屏障：你的时间、精力、信念、价值和身体。当你感到愤怒（挫败或烦恼）时，这往往是情绪在提醒你，某条界限已经被逾越了。但正如我之前所阐述的，情况并非总是如此。现实是，我们的文化对不同人的界限重视程度不一，尤其是照顾者的角色往往被忽视。这意味着，这些照顾者可能没有学习过如何恰当地设定界限，以及在界限受到侵犯时如何重新确立它们。

如果你不考虑需要维护哪些界限以保持平衡，或者不花时间让周围的人了解你的界限，你不仅可能被他人理所当然地过度利用，而且在面对生活中的挑战时也会缺乏缓冲，因为你已经将所有精力或资源都花在了别人身上。

此外，如果你未能清晰地表明自己的界限，你可能会在无意中以被动攻击的方式来表达它们——例如，讽刺、回避回应、敷衍了事、对他人说闲话，或者在做你不想做的事情时唉声叹气、喃喃自语。

如何设定界限

设定界限的诀窍在于明确你需要哪些界限，然后尽可能清晰地将这些界限传达给需要知道的人。许多人非常不习惯设定界限，以至于他们会把坚定果敢误认为是咄咄逼人。然而，如果你礼貌地陈述自己的愿望，毫不含糊地坚持事实，这就是在清晰而积极地传达你的界限。如果你觉得这很困难，并且担心可能会让他人感到不悦，不妨尝试回忆一下，当有人明确地向你表达界限时，作为接收者你的感受是怎样的。通常，你会感到如释重负，因为你无须猜测别人对你的期望是什么，也不必担心会无意中越界。

你需要设定哪些界限来应对倦怠？

美国心理治疗师、《界限》（*Set Boundaries, Find Peace*）一书的作者内德拉·格洛佛·塔瓦布（Nedra Glover Tawwab）解释说，你可能需要在生活的不同领域设置界限来改善你的倦怠，例如财务（不想或无力为他人买单时，不必支付）；情感（不必为他人的情绪负责）；时间（明确区分工作时间和私人时间）以及价值（做你相信的事，而不是他人希望你做的事）。

在倦怠中，最大的越界行为之一就是侵占私人时间。许多人的界限非常模糊，以至于他们很难区分自己是在为他人"服务"还是在享受私人时间。更强有力的界限可以是这样的：

• 将工作与休闲的数字空间明确区分开来。如果可以的话，工作时使用一部专用的手机，并在下班后将其存放在一个固定的位置。设置一个非工作时间的自动回复消息，向同事和客户明确你的工作与私人时间的界限。尽可能只在电脑桌面端访问工作相关的网站（各类应用程序太容易下意识就点开了）。如果你需要使用应用程序来工作，那么在日程里为这些任务安排好时间——例如，设定"社交媒体更新"或"线上社群管理"的时间。

• 在家中为与工作相关的活动（比如学习或办公）划分出独立的空间。如果你没有足够的空间，这可能就需要你在结束工作后有条理地收拾整理，而这可以成为你放松程序的一部分。你是否需要花些时间打造储物空间或者布置房间的不同区域，让一部分区域充满工作的氛围，另一部分区域则营造出轻松惬意的氛围呢？

• 设定一个停止工作的闹钟，或者寻找一个相互监督的伙伴，约定在特定时间相互打电话，确保彼此已经结束工作。

• 养成规律的休息习惯，这样你周围的每个人都知道你什么时候在享用早晨的咖啡、晚餐后的散步，或者独自观看你最喜欢的节目。

向周围的人表达你的新界限

首先,从与你关系良好的人开始设定界限——一个你确信会尊重你的人。你可能还会受益于向他们解释你正在做什么以及为什么这样做。告诉他们你正在从倦怠中恢复,并且意识到自己在个人界限方面存在一些模糊不清的地方,因此从现在开始你会更清晰地表达这些界限。之所以要从这里开始,是因为你会遇到一些棘手的情绪(最常见的有焦虑和内疚),并且(可能)会遇到一些不习惯你设定界限的人的反对。他们的反应可能千差万别,有的更具挑战性:"但你一直接送我上下学;为什么我现在要开始自己坐公交车?"而有的则明显带有恭维之意:"你是这份工作的不二人选——你一定会做得非常出色;我根本无法想象把这个任务交给其他人。"

以下是开始与他人设定界限时所需采取的步骤概述:

1. **明确你的需求和价值**。参见第十三章以及本章的第一点。

2. **清晰地向他人表达界限**。直接与相关人士进行对话,保持开放且无威胁的肢体语言,运用眼神交流和稳重的声音(既不太大声也不太小声)。采用以"我"开头的陈述方式:"我需要……""我希望……"。同时,确保沟通聚焦于一个具体议题,并避免使用指责的语气:"我明白你希望今天完成这件事,但我并未预留时间。不过,我可以在明天处理。"

3. **坦然面对那些棘手的情绪**。虽然我在本书的其他地方阐述了你应该倾听情绪的智慧，但有时你可能需要在不让情绪主导你的情况下面对这些情绪。这就是其中一种情况。如果你正在尝试一些新的、不熟悉的事物，或者你正在违背社会对你的期望（即使你从逻辑上明白这对你的健康不利），焦虑和内疚就会出现。预期这些情绪的出现，并带着它们前行；随着你越来越熟悉在尊重他人需求和价值的同时也尊重自己的需求和价值，这些情绪的强度会逐渐减弱。

4. **在遇到阻力时坚守立场！**你周围的人将失去他们从你缺乏界限中获得的利益。如果你不再加班，你的老板可能需要招聘新员工；你的伴侣可能需要承担更多的家务或育儿责任；你的朋友可能需要开始轮流组织外出聚会活动，而不是依赖你来做所有事情。因此，你可能会注意到这些人的一些抵触。强烈的抵触往往很容易察觉，比如有人开始对你恶语相向或变得防卫心很强。但根据我的经验，更常见的是更隐蔽、更难以抵御的抵触。例如，无视你的请求，让你感到尴尬而不愿再次提出；质疑你的判断（"你确定抽不出时间吗？"），让你对自己的界限产生怀疑；用诸如"你要是不来就糟了"或"但你比我强多了，我肯定会搞砸"之类的话对你进行情感勒索。注意到这些行为，将其标记为抵触，然后：

5. 重复步骤 2~4——反复进行！

6. 记得称赞和感谢那些接受你新界限的人。积极的强化将对维持这种新的相处方式产生奇迹般的效果，并使未来的界限设定变得更加容易。

如何坚守自己的界限

当然,你可以明确表达自己的界限,但你仍然会被他人要求做一些事情,比如加班、搭便车或帮朋友忙。当这样的请求出现时,你该如何坚持自己的界限呢?

至关重要的是,你需要减缓回应的速度。在做出回应之前稍作停顿,这将为你提供时间去审视自己的情绪和需求。你可以尝试采用一种缓冲式回应的方式,例如:"我能否考虑一下再给您答复?"

这些请求可能会触发你内心那个缺乏安全感的奋斗者部分。例如,讨好型人格的人会想要迅速回应以取悦对方。如果你是这样的人,你需要练习应对由此产生的焦虑(如果这种焦虑感变得强烈,你可以使用第五章中的工具)。

我发现美国教授兼社会工作者布琳·布朗(Brené Brown)的策略在这里极为有效。她佩戴了一枚可以旋转的戒指。每当有人请求她协助时,她会暂停一下,用手指旋转戒指三圈,同时提醒自己:"宁可选择短暂的不适,也不要承受长期的怨恨。"她的这种方法意味着,在暂停或选择拒绝的时刻,她可能会感到不适,但从长远来看,她将不会对他人或自己感到沮丧。

当别人请求你提供意见、时间或精力时,你会产生三种反应:可能是沮丧、受宠若惊且兴奋,或者感觉相当平淡。如果你用缓冲式回应为自己争取了时间,你就可以利用这段时间重新审视自己的价值,评估这个请求是让你更接近某个价值,还是背离它。短暂的停顿能让你的神经系统有时间平静下来，从而避免做出下意识反应。

界限的好处

当你开始选择健康的选项时，这将逐渐塑造他人对你的期望——你会做什么、不会做什么，以及你处理事情的速度。例如，如果他人了解你每天仅投入一个小时处理电子邮件，他们便会习惯于你的回复可能需要延后一天。这表明在未来，你将更易于做出此类选择，因为你正在训练周围的人尊重你的界限。

同时，你也会为他人树立健康界限的榜样。我们在第七章讨论了休息可以作为一种反抗的形式；在这里，我们更进一步，将界限视为一种行动主义！

找到你的同路人

为了帮助你踏上这段旅程，你还需要找到你的"同路人"——那些同样致力于自我关怀和设定界限的人。这样你就无须不断解释自己的选择，身边也会有人为你反对倦怠文化所做的决定而欢呼。告诉他人你正在通过管理界限来减少倦怠，并邀请他们与你同行。

一起做敢于休息、敢于说"不"的反抗者！

界限的下一步是什么？

界限是一个至关重要的议题。请记住，你需要持续地关注和维护它们。把你的界限想象成围绕你的一圈木栅栏，而外界的压力和文化规范则是不断冲击它的狂风。你需要持续地、有意识地努力去保持栅栏的稳固。

7. 放宽高标准

完美主义者往往为自己设定了不切实际的高标准：这些标准高得难以持续达到，或者只有在付出巨大代价后才能满足，例如过度工作，对自己要求过于严苛，或总是等到能够将事情做得完美无缺时才开始行动（拖延）。

当未能满足既定标准时，完美主义者往往得出结论，认为自己不够努力或是个失败者，而不是去评估这些标准是否切实可行或有益。例如，作为一名学生，你可能始终追求高标准，目标是始终保持在班级前5%；或者，作为一名企业家，你可能追求卓越的客户服务，以至于不允许有任何客户不满意或提出退款。

如何重新设定你的标准

1. 如果你还没有这样做，请返回至第八章，梳理你的倦怠经历，了解你的自我价值是如何与成就需求联系在一起的。这将助你理解为何当前设定了如此高的标准。倦怠后成长的机会在于思考这些标准在多大程度上有助于你依照自己的所有价值观（第十三章）过上充实且有意义的生活。这些标准可能在某些特定方面对你有帮助，比如在达成目标方面名列前茅，或者拥有完美的出勤记录，但这种表现是以倦怠为代价的，这样的代价值得吗？请列出两份清单：一份是你放弃这些高标准后会失去的东西，另一份是你会获得的东西，以及为什么这对你很重要。

2. 回顾第十二章提及的诸多生活领域，这些领域能够让你体会到自我价值的实现，并非仅限于某个狭窄的领域（例如教育或工作）达到卓越。第十三章中关于重新连接价值的练习将有助于提醒你哪些领域同样重要，从而帮助你摆脱对单一领域的专注，拓宽视野。

3. 前两步旨在帮助你更有动力去改变自己的标准。尝试以不同的方式处理事务可能会引发恐惧感，当你开始降低标准时，你可能会注意到担心失败或被负面看待的想法不断出现。在治疗中，我们称之为信念飞跃。你从逻辑上明白，做出实际的改变会对你有益，但付诸行动却让你感到焦虑不安。所以，先从小处着手。试着稍微调整一下自己的标准，看看这样是否更符合自己的身心健康。例如，你可以早十分钟回家，或晚上只收拾孩子的五个玩具，而不是整理整个房间；晚餐可以订个比萨外卖，而不是自己做饭；或者，像苏拉杰的例子那样，你可以告诉客户修改方案需要多花一天时间，这样你就不必放下手头所有的事情来处理。

4. 决定尝试新标准的时间（例如两周），然后回来评估。记录下你当前最关切的问题。可能是担心上司的不满，可能是忧虑学业的落后，抑或是担心错失良机。在审视新标准时，审视这些忧虑是否已成现实。你还可以审视生活的其他领域，自问是否感到更贴近自己的价值，如果是，你是如何感知到这一点的。

8. 重新找回快乐

倦怠带来的重大损失之一就是快乐丧失。快乐是一种积极的（绿灯模式）情绪，当我们参与对自己有益的活动时会产生这种情绪，这些活动通常涉及探索、积累资源和建立联系（这使得我们的祖先能够做出有益的发现、寻找食物、伴侣和友谊）。快乐源于感官的积极刺激，无论是聆听一首振奋人心的歌曲、创造性的消遣、在电视上看到你最喜欢的喜剧演员、与朋友分享亲密的时刻，还是仅仅品尝一块美味的胡萝卜蛋糕。

重新找回快乐的一种方法是找到玩耍的方式。许多成年人忘记了如何玩耍，或者忽视了它的价值。玩耍可以来自创造性活动、社交、音乐和运动等。

回想过去，有哪些曾经带给你快乐的活动，现在你却不再做了？尽可能追溯到最久远的过去，哪怕它们现在看起来有些幼稚——这正是这次反思的价值所在。有哪些富有创意、充满活力或音乐性的活动，你可以重新拾起？有哪些事情曾让你意外地体验到快乐，你又该如何更多地去实践这些活动？最近，我体验到了一些令我惊喜的快乐时刻：与我最小的孩子一同奔向游乐场；目睹一片羽毛状的云朵飘过天际；观察我的豚鼠为了争夺干草而嬉戏打闹。

一次专注于一个领域。改变是困难的，所以要慢慢来。如果你能接受心理治疗，这可以在倦怠恢复中发挥多种作用，包括实现持久的改变。可能有所帮助的谈话疗法包括认知行为疗法（cognitive behavioural therapy，CBT），它可以帮助你设定界限、熟悉焦虑的诱因、调整完美主义标准并练习自信；以及眼动脱敏再处理疗法，它可以帮助处理任何阻碍自我关怀或健康界限的因素，尤其是那些源于过去创伤的因素。我在本书中曾多次提到正念、接纳与承诺疗法和同情聚焦疗法的优点，这些疗法都非常有助于深入实践本书中的主题。最后，你可能希望考虑教练的帮助，以便在工作或业务上做出实际改变时获得责任感和支持。你可以获得生活、育儿、事业等多个领域的教练辅导。这些疗法与本章概述的工具结合使用，可以真正帮助你取得成功。

结　语

　　大多数经历过倦怠的人都知道，在高压力时期，他们应该培养一些健康的习惯来照顾自己，但他们往往难以付诸实践。我写这本书的主要目的是帮助你通过理解当前阻碍你为自己的最佳利益行动的内在压力，从而走出自己的困境。

　　请记住，你所处的环境不会突然变得不再充满压力、忙碌和过度刺激——换言之，你的威胁系统仍会持续活跃。所以，你从倦怠中恢复的过程很可能是在最初造成困难的不利环境中进行的。这意味着你的神经系统将持续遭受各种信息的冲击，迫使你迅速做出反应，并努力在社会中维持自己的地位。本书中的步骤将指导你如何在日常生活中短暂地摆脱这种状态，并倾听那些关于联系和安全感的提醒。有时候这会比较容易，有时候则比较困难；恢复之路从来都不是一帆风顺的。以下是我为来访者在最后一次治疗期间绘制的图画：

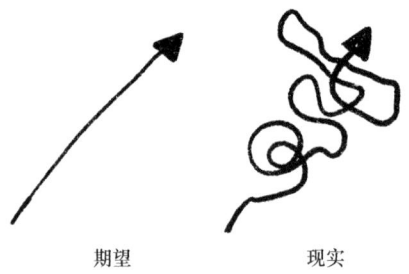

期望　　　　现实

当你陷入低谷或感觉又回到了过去那些不健康的模式时，请记住这是正常的，也是意料之中的。在这样的时刻，内心的批评声可能会兴风作浪，告诉你你失败了，你根本不可能改变。但请记住，你并没有回到原点——因为你现在已经拥有了心理洞察力，对个人模式的反思，以及可以用来支持你的工具。

人类的神经系统是一个了不起的装置，它时刻关注着你，并在紧急时刻为你提供支持。但很多时候，我们往往对作为人类的这一部分缺乏足够的了解。我们也未曾学习如何滋养这个系统，使其在生活的压力下以最理想的方式为我们提供支持。

本书为你提供了必要的洞察力，以增强你在神经系统不同模式间切换的能力，从而帮助你平息那种茫然失措的感觉。愿这本书成为你的良伴，每当迷茫时，翻开它，让它指引你回归正轨，愿它能为你提供支持。

参 考 文 献

引言

Chabot, P. (2018). *Global Burnout*. London: Bloomsbury.

van Dam, A. (2021). A clinical perspective on burnout: diagnosis, classification, and treatment of clinical burnout. *European Journal of Work and Organizational Psychology, 30*(5), 7 32–41.

Bianchi, S., Sayer, L. C., Milkie, M. A., & Robinson, J. R. (2012). Housework: Who Did, Does or Will Do It, and How Much Does It Matter? *Social Forces, 91,* 55–63.

Hochschild, A., & Machung, A. (2012). *The Second Shift: Working Families and the Revolution at Home.* New York, NY: Penguin Books.

Porges, S. W. (2011). *The Polyvagal Theory.* New York/London: W. W. Norton & Company.

Porges, S. W. (2017). The Pocket Guide to the Polyvagal Theory. New York/London: W. W. Norton & Company.

Gilbert, P. (2010). *The Compassionate Mind (Compassion Focused Therapy).* London: Robinson.

第一章

Parker, G., Tavella, G., & Eyers, K. (2022). *Burnout: A Guide to Identifying Burnout and Pathways to Recovery*. London: Routledge.
Tavella, G., Hadzi-Pavlovic, D., & Parker, G. (2020). Burnout: re-examining its key constructs. *Psychiatry Research, 287*.

Farber, Barry (1990). Burnout in Psychotherapists: Incidence, Types, and Trends. *Psychotherapy in Private Practice*. 8, 35–44. 10.1300/J294v08n01_07.
Montero-Marín, J., García-Campayo, J., Mera, D. M., & del Hoyo, Y. L. (2009). A new definition of burnout syndrome based on Farber's proposal. *Journal of Occupational Medicine and Toxicology, 4*(31).

Porges, S. W. (2011). *The Polyvagal Theory*. New York/London: W. W. Norton & Company.

Porges, S. W. (2017). *The Pocket Guide To The Polyvagal Theory*. New York/London: W. W. Norton & Company.

Piotrowski, K., Bojanowska, A., Szczygieł, D., Mikolajczak, M., & Roskam, I. (2023). Parental burnout at different stages of parenthood: links with temperament, big five traits, and parental identity. *Frontiers in Psychology, 14*.

(2024). Special report: mapping a better future for dementia care navigation. *Alzheimer's disease facts and figures*. www.alz.org/media/Documents/alzheimers-facts-and-figures.pdf

Szlenk-Czyczerska, E., Guzek, M., Bielska, D. E., Ławnik, A., Polanski, P., & Kurpas, D. (2020). Needs, aggravation, and degree of burnout in informal caregivers of patients with chronic cardiovascular disease. *International Journal of Environmental Research and Public Health, 17*.

Ilić, I. M., & Ilić, M. D. (2023). The relationship between the burnout syndrome and academic success of medical students: a cross-sectional study. *Archives of Industrial Hygiene and Toxicology, 74*(2), 134–41.

Parent-Lamarche, A., & Biron, C. (2022). When bosses are burned out: psychosocial safety climate and its effect on managerial quality. *International Journal of Stress Management, 29*(3), 219–28.

参 考 文 献

Tahar, Y. B., Rejeb, N., Maalaoui, A., Kraus, S., Westhead, P., & Jones, P. (2023). Emotional demands and entrepreneurial burnout: the role of autonomy and job satisfaction. *Small Business Economics, 61*, 701–716.

McEwen, B. (2000). Allostasis and Allostatic Load: Implications for Neuropsychopharmacology. *Neuropsychopharmacology, 22*, 108–124.

Salvagioni, D. A. J., Melanda, F. N., Mesas, A. E., Gonzalez, A. D., Gabani, F. L., & de Andrade, S. M. (2017). Physical, psychological and occupational consequences of job burnout: a systematic review of prospective studies. *PLoS ONE 12*(10).

Bowden, G., Holltum, S., Shankar, R., Cooke, A., & Kinderman, P. (eds) (2020). *Understanding Depression. Why adults experience depression and what can help.* British Psychological Society (Division of Clinical Psychology)

Rivas, A. M., Mulkey, Z., Lado-Abeal, J., & Yarbrough, S. (2014). Diagnosing and managing low serum testosterone. *Proceedings (Baylor University. Medical Center), 27*(4), 321–4.

https://www.mindgarden.com/ (an online psychological assessment website for burnout measures)

Kristensen, T. S., Borritz, M., Villadsen, E., & Christensen, K. B. (2005).

The Copenhagen burnout inventory: a new tool for the assessment of burnout. *Work & Stress, 19*(3), 192–207.

Roskam, I., Bayot, M., and Mikolajczak, M. (2022). Parental Burnout Assessment (PBA). In: Medvedev, O. N., Krägeloh, C. U., Siegert, R. J., Singh, N. N. (eds) *Handbook of Assessment in Mindfulness Research.*

James, N. (2020). Rethinking Burnout in Informal Caregivers: Development and Validation of The Informal Caregiver Burnout Inventory – 10 Item Form. *Electronic Theses and Dissertations, 369.*

Michailidis, E., & Banks, A. P. (2016). The relationship between burnout and risk-taking in workplace decision-making and decision-making style. *Work & Stress, 30*(3), 278–92.

Buunk, A. P., & Brenninkmeijer, V. (2022). Burnout, social comparison orientation and the responses to social comparison among teachers in the Netherlands. *International Journal of Environmental Research and Public Health, 19*(20).

Bernier, D. (1998). A study of coping: successful recovery from severe burnout and other reactions to severe work-related stress. *Work & Stress, 12*(1), 50–65.

Mäkikangas, A., Leiter, M. P., Kinnunen, U., & Feldt, T. (2021). Profiling development of burnout over eight years: relation with job demands and resources. *European Journal of Work and Organizational Psychology, 30*(5), 720–31.

Bianchi, R. (2018). Burnout is more strongly linked to neuroticism than to work-contextualized factors. *Psychiatry Research, 270,* 901–905.

第二章

Veninga, R. Work, Stress and Health. Four major conclusions. *Occupational Health Nursing,* June 1982.

Yerkes, R. M., & Dodson, J. D. (1908). The relation of strength of stimulus to rapidity of habit-formation. *Journal of Comparative Neurology and Psychology,* 18(5), 459–82.

Wilson, T. D., Reinhard, D. A., Westgate E. C., Gilbert, D. T., Ellerbeck, N., Hahn, C., Brown, C. L., & Shaked, A. (2014). Just think: the challenges of the disengaged mind. *Science, 345,* 75–7.

Royal Society for Public Health publication (2017). *Social media and young people's mental health and wellbeing.*

Guidi, J., Lucente, M., Sonino, N., & Fava, G. A. (2021). Allostatic load and its impact on health: a systematic review. *Psychotherapy and psychosomatics, 90*(1), 11–27.

Zhang, X., Ge, T. T., Yin, G., Cui, R., Zhao, G., & Yang, W. (2018). Stress-induced functional alterations in amygdala: implications for neuropsychiatric diseases. *Frontiers in Neuroscience, 12,* 367.

Marucha, P. T., Kiecolt-Glaser, J. K., & Favagehi, M. (1998). Mucosal wound healing is impaired by examination stress. *Psychosomatic Medicine, 60*(3), 362–5.

Hod, K., Melamed, S., Dekel, R., Maharshak, N., & Sperber, A. D. (2020). Burnout, but not job strain, is associated with irritable bowel syndrome in working adults. *Journal of Psychosomatic Research, 134.*

Harrison, Y., & Horne, J. A. (2000). The impact of sleep deprivation on decision making: a review. *Journal of Experimental Psychology: Applied, 6*(3), 236–49.

Angarita, G., Emaldi, N., Hodges, S., Morgan., P. (2016). Sleep abnormalities associated with alcohol, cannabis, cocaine, and opiate use: a comprehensive review. *Addiction Science and Clinical Practice, 11.* 9.

Mate, G., with Mate, D., (2022). *The Myth of Normal.* Vermillion, Ebury, London: Penguin Random House.

Duros, P., Crowley, D. (2014). The Body Comes to Therapy Too. *Clinical Social Work J 42,* 237–46.

Boyle, M., and Johnstone, L. (2020). *The Power Threat Meaning Framework: An alternative to psychiatric diagnosis.* Monmouth, UK: PCCS Books.

Levine, P. A. (1997). *Waking The Tiger: Healing Trauma.* Berkley, California: North Atlantic Books.

Maier, S. F., & Seligman, M. E. (1976). Learned helplessness: Theory and evidence. *Journal of Experimental Psychology: General, 105,* 3–46.

Van der Kolk, B. (2014). *The Body Keeps The Score.* USA: Viking Penguin.

第三章

Raichle, M. E., Macleon A. M., Synder, A. Z. et al. (2001). A default mode of brain function. *Proceedings of the National Academy of Sciences of the United States, 98,* 676–82.

Yin, H., & Knowlton, B. (2006). The role of the basal ganglia in habit formation. *Nature Reviews Neuroscience, 7,* 464–76.

第四章

Dana, D. (2020). *Polyvagal Exercises for Safety and Connection.* New York/London: W. W. Norton & Company. Sounds True: Boulder, Colorado.

Wilson, E. O. (2007). Biophilia and the Conservation Ethic. In Penn, D. J. & Mysterud, I. *Evolutionary Perspectives on Environmental Problems*. London: Routledge.

Coburn, A., Vartanian, O., Chatterjee, A. (2014). Buildings, Beauty, and the Brain: A Neuroscience of Architectural Experience. *Journal of Cognitive Neuroscience*, 29:1521–1530.

Salay, L. D., Ishiko, N., and Huberman, A. D. (2018). A midline thalamic circuit determines reactions to visual threat. *Nature*, 557, 183–9.

De Voogd, L. D., Kanen, J. W., Neville, D. A., Roelofs, K., Fernandez, G., and Hermans, E. J. (2018). Eye-Movement Intervention Enhances Extinction via Amygdala Deactivation. *Journal of Neuroscience*, 38, 8694–8706.

Bell, S., Phoenix, C., Lovell, R., & Wheeler, B. (2015). Seeking everyday wellbeing: the coast as a therapeutic landscape. *Social Sciences and Medicine*, 142, 56–67.

Wen, Y., Yan, Q., Pan, Y. et al. (2019). Medical empirical research on forest bathing (*Shinrin-yoku*): a systematic review. *Environmental Health and Preventative Medicine*, 24, 70.

Song, C., Ikei, H., and Mikazaki, Y., (2018). Physiological effects of visual stimulation with forest imagery. *International Journal of Environmental Research and Public Health*, 15, 213.

Macdonald, K. (2020). Video games can improve mental health: let's stop seeing them as a guilty pleasure. www.theguardian.com/commentisfree/2020/nov/23/video-games-boost-mental-health-stop-guilty-pleasure

Weinberg, M. K., Beeghly, M., Olson, K. L., & Tronick, E. (2008). A still-face paradigm for young children: 2½ year-olds' reactions to maternal unavailability during the still-face. *The Journal of Developmental Processes*, 3(1), 4–22.

参考文献

Rockliff, H., Gilbert, P., Mcewan, K., Lightman, S., & Glover, D. (2008). A pilot exploration of heart rate variability and salivary cortisol responses to compassion-focused imagery. *Clinical Neuropsychiatry, 5*(3), 132–9.

Stamford, C. (2020). Gartner says worldwide end-user spending on cloud-based web conferencing solutions will grow nearly 25% in 2020, *Gartner* online article: www.gartner.com/en/newsroom/press-releases/2020-06-02-gartner-says-worldwide-end-user-spending-on-cloud-based-web-conferencing-solutions-will-grow-nearly-25-percent-in-2020

Bullock, A., Colvin, A., and Jackson, S. (2021). "All Zoomed Out": Strategies for Addressing Zoom Fatigue in the age of COVID-19. In *Innovations in Learning and Technology for the Workplace and Higher Education.* 61–68. Switzerland: Springer Nature.

Doring. N., Dr Moor, K., Fielder, M., Schoenenberg. K., and Raake, A. (2022). Videoconference Fatigue: A Conceptual Analysis. *International Journal of Environmental Research and Public Health, 19,* 2061.

Karl, K. A., Peluchette, J. V., & Aghakhani, N. (2022). Virtual work meetings during the COVID-19 pandemic: the good, bad, and ugly. *Small Group Research, 53*(3), 343–65.

Average daily time spent on social media (Latest 2024 data): www.broad band search.net/blog/average-daily-time-on-social-media#:~:text=In%20that%20case%2C%20that%20means,use%20in%20the%20last%20year

Dana. D. (2018). *The Polyvagal Theory in Therapy.* New York/London: W. W. Norton & Company.

Dunn, J. (2023). Day 2: The Secret Power of the 8-minute telephone call. *New York Times* online. https://www.nytimes.com/2023/01/02/well/phone-call-happiness-challenge.html

Crockett, M. (2023). https://www.stylist.co.uk/relationships/family-friends/power-of-an-8-minute-phone-call/761827

Facts and statistics to end loneliness. Article on the Campaign to End

Loneliness website (a Community Interest Company). https://www.campaigntoendloneliness.org/facts-and-statistics

Achor, S., Kellerman, G. R., Reece, A., & Robichaux, A. (2018). America's loneliest workers, according to research. *Harvard Business Review.* (hbr.org)

Iyengar, S., & Lepper, M. (2001). When choice is demotivating: can one desire too much of a good thing? *Journal of Personality and Social Psychology, 79*(6), 995–1006.

Berry, B. (2020). *Motherwhelmed.* Revolution from Home Publishing.

第五章

Jungmann, M., Vencatachellum, S., Van Ryckeghem, D., & Vögele, C. (2018). Effects of cold stimulation on cardiac-vagal activa-tion in healthy participants: randomized controlled trial. *JMIR Formative Research,* 2(2), 10257.

Balban, M. Y., Neri, E., Kogon, M. M., Weed, L., Nouriani, B., Jo, B., Holl, G., Zeitzer, J. M., Spiegel, D., & Huberman, A. D. (2023). Brief structured respiration practices enhance mood and reduce physiological arousal. *Cell Reports Medicine, 4*(1).

Shapiro. F. (2018). *Eye Movement Desensitisation and Reprocessing (EMDR) Therapy, Basic Principles, Protocol and Procedures.* London: The Guildford Press.

Streeter, C. C., Whitfield, T. H., Owen, L., Rein, T., Karri, S. K., Yakhkind, A., Perlmutter, R., Prescot, A., Renshaw, P. F., Ciraulo, D. A., & Jensen, J. E. (2010). Effects of yoga versus walking on mood, anxiety, and brain GABA levels: a randomized controlled MRS study. *Journal of Alternative and Complementary Medicine, 16*(11), 1145–52.

Kuhfuß, M., Maldei, T., Hetmanek, A., & Baumann, N. (2021). Somatic experiencing – effectiveness and key factors of a body-oriented trauma therapy: a scoping literature review. *European Journal of Psychotraumatology, 12*(1).

第六章

Lieter, M. P., Day, A., & Price, L. (2015). Attachment styles at work: Measurement, collegial relationships, and burnout. *Burnout Research, 2*(1), 25–35.

Hardy, G. E., & Barkham, M. (1994). The relationship between interpersonal attachment styles and work difficulties. *Human Relations, 47*(3), 263–81.

Gilbert, P., Broomhead, C., Irons, C., McEwan, K., Bellew, R., Mills, A., Gale, C., Knibb, R.' (2007). Development of a striving to avoid inferiority scale. *Br J Soc Psychol*, Sep;46(Pt 3):633–48.

Asa, N., Kenichi, A., & Yasuhiro, K. (2022). Moderating effects of striving to avoid inferiority on income and mental health. *Frontiers in Psychology, 13.*

Dykman, B. M. (1998). Integrating cognitive and motivational factors in depression: initial tests of a goal-orientation approach. *Journal of Personality and Social Psychology, 74*(1), 139–58.

Paulhus, D. L., Trapnell, P. D., & Chen, D. (1999). Birth order effects on personality and achievement within families. *Psychological Science, 10*(6), 482–8.

第七章

Maslach, C., & Leiter, M. P. (2016). Understanding the burnout experience: recent research and its implications for psychiatry. *World Psychiatry: official journal of the World Psychiatric Association (WPA), 15*(2), 103–111.

Stokes-Parish, J., Elliott, R., Rolls, K., & Massey, D. (2020). Angels and heroes: the unintended consequence of the hero narrative. *Journal of Nursing Scholarship: An Official Publication of Sigma Theta Tau International Honor Society of Nursing, 52*(5), 462–6.

Schmidt, A. (2020). We need to talk about burnout the same way we do about benefits. Article in the American Hospital Association:

https://www.aha.org/news/blog/2020-10-20-we-need-talk-about-burnout-same-way-we-talk-about-benefits

Hardy, K. (2013). Healing the hidden wounds of racial trauma. *Reclaiming Children and Youth, 22*, 24–8.

Nagoski, E., & Nagoski, A. (2020). *Burnout: Solve Your Stress Cycle*. Vermillion, Ebury, London: Penguin Random House.

Garcia, S. M., Tor, A., & Schiff, T. M. (2013). The psychology of competition: a social comparison perspective. *Perspectives on Psychological Science: A Journal of the Association for Psychological Science, 8*(6), 634–50.

Buunk, A. P., & Brenninkmeijer, V. (2022). Burnout, social comparison orientation and the responses to social comparison among teachers in the Netherlands. *International journal of Environmental Research and Public Health, 19*(20).

第八章

Smith, M. M., Saklofske, D. H., Stoeber, J., & Sherry, S. B. (2016). The big three perfectionism scale: a new measure of perfectionism. *Journal of Psychoeducational Assessment, 34*(7), 670–87.

Emma Reed Turrell (2021). *Please Yourself: How to Stop People-Pleasing & Transform the Way You Live*. London: 4th Estate.

第九章

Pereira, A, T., Brito, M., A., Cabacos, C., Carneiro, M., Calvalho, F., Manao, A., Araujo, A., Pereria, D., and Macedo, A. (2022). The Protective Role of Self-Compassion in the Relationship between Perfectionism and Burnout in Portuguese Medicine and Dentistry Students. *International Journal of Environmental Research and Public Health, Special Issue: Academic and Emotional Determinants of Perfectionism, 19*, 2740.

Hermanto. N., & Zuroff. D. (2016). The social mentality theory of self-compassion and self-reassurance: The interactive effect of care-seeking and caregiving. *The Journal of Social Psychology, 156*(5), 523–35.

Gilbert, P. (2009). *The Compassionate Mind (Compassion Focused Therapy)*. London: Robinson.

第十章

Wiersema, J. R., & Godefroid, E. (2018). Interoceptive awareness in attention deficit hyperactivity disorder. *PLoS ONE, 13*(10), e0205221.

Goodman, M. J., & Schorling, J. B. (2012). A mindfulness course decreases burnout and improves well-being among healthcare providers. *Int J Psychiatry Med*, 43(2):119–28.

Kriakous, S. A., Elliott, K. A., Lamers, C., & Owen, R. (2021). The effectiveness of mindfulness-based stress reduction on the psychological functioning of healthcare professionals: a systematic review. *Mindfulness, 12*(1), 1–28.

Eriksson, T., Germundsjö L., Åström E., & Rönnlund, M. (2018). Mindful self-compassion training reduces stress and burnout symptoms among practicing psychologists: a randomized controlled trial of a brief web-based intervention. *Frontiers in Psychology, 9*.

Towey-Swift, K. D., Lauvrud, C., & Whittington, R. (2023). Acceptance and commitment therapy (ACT) for professional staff burnout: a systematic review and narrative synthesis of controlled trials. *Journal of Mental Health, 32*(2), 452–64.

第十一章

Luo, X., Qiao, L., & Che, X. (2018). Self-compassion modulates heart rate variability and negative affect to experimentally induced stress. *Mindfulness, 9*, 1522–8.

Irons. C., & Beaumont. E. (2017). *The Compassionate Mind Workbook*. London: Robinson.

Regan, A., Walsh, L. C., & Lyubomirsky, S. (2023). Are some ways of expressing gratitude more beneficial than others? Results from a randomized controlled experiment. *Affective Science, 4*, 72–81.

Fox, G. R., Kaplan, J., Damasio, H., & Damasio, A. (2015). Neural correlates of gratitude. *Frontiers in Psychology, 6*.

Hori, D., Sasahara, S., Doki, S., Oi, Y., & Matsuzaki, I. (2020). Prefrontal activation while listening to a letter of gratitude read aloud by a coworker face-to-face: A NIRS study. *PLoS ONE, 15*(9), e0238715.

Wong, Y. J., Owen, J., Gabana, N. T., Brown, J. W., McInnis, S., Toth, P., & Gilman, L. (2018). Does gratitude writing improve the mental health of psychotherapy clients? Evidence from a randomized controlled trial. *Psychotherapy Research, 28*(2), 192–202.

Carney, D., Cuddy, A., and Yap, A. (2010). Power Posing: Brief Nonverbal Displays Affect Neuroendocrine Levels and Risk Tolerance. *Psychological Science, 21*, 10.

Gilbert, P., Basran, J. K., Plowright, P., & Gilbert, H. (2023). Energizing compassion: using music and community focus to stimulate compassion drive and sense of connectedness. *Frontier in Psychology, 14*.

第十二章

McEwan, K., Minou, L., Moore, H., & Gilbert, P. (2020). Engaging with distress: training in the compassionate approach. *Journal of Psychiatry and Mental Health Nursing, 27*(6), 718–727.

Gottman, J., and Levenson, R. (1992). Marital processes predictive of later dissolution: Behavior, physiology and health. *Journal of Personality and Social Psychology, 63*, 221–33.

Wu, X., Kaminga, A. C., Dai, W., Deng, J., Wang, Z., Pan, X., & Liu, A. (2019). The prevalence of moderate-to-high posttraumatic growth: a systematic review and meta-analysis. *Journal of Affective Disorders, 243*, 408–415.

Collier, L. (2016). Growth after trauma: why are some people more resilient than others—and can it be taught? *Monitor on Psychology, 47*(10), 48.

第十三章

Harris, R. https://thehappinesstrap.com/upimages/Values_Questionnaire.pdf

Ungerleider, S., and Golding, J. M. (1991). Mental Practice among Olympic Athletes. *Perceptual and Motor Skills*, 72 (3 pt. 1), 1007–1017.

第十四章

Reading, S. (2023). *Rest to Reset.* London: Aster.

Huiberts, L. M., Opperhuizen, A. L., and Schlangen, L. J. M. (2022). Pre-bedtime activities and light-emitting screen use in university students and their relationships with self-reported sleep duration and quality. *Lighting Research and Technology*, 54, 6.

致　　谢

衷心感谢所有为我完成这个项目提供支持的人。我的经纪人 Jen，你真是太棒了。你的耐心和慷慨令人钦佩，总是愿意投入宝贵的时间。你总能帮我将复杂事务拆解为易于管理的小部分（并且为我创建了一个 Dropbox 文件夹！）。

感谢 Yellow Kite 出版社的每一位同仁，尤其是策划编辑 Carolyn 和 Renee，感谢你们对这本书的信任与支持，助其顺利出版。同时，也要感谢我的文字编辑 Anne，感谢她那锐利的洞察力和卓越的专业技能。

感谢所有专业人士，我在本书中汲取了你们的研究成果和模型，期望没有误解你们的理念和观点。

我要向那些审阅草稿或与我交流想法的心理学专家们表达感激之情：Nancy Bancroft 博士、Shelley Kerr 博士、Jenny Weall 博士、Paul Gilbert 教授、Naomi Sams 博士、Claire Hus-

致谢

bands 博士、Mia Hobbs 博士、Sarah Butler 博士,以及在联合诊所、督导小组和东伦敦大学(UEL)与我共同探讨的每一位同窗。

我要衷心感谢我的父母、兄弟姐妹、家人以及朋友们,在我创作的这段时间里,你们展现出了无比的耐心和精神上的支持,我对此深表感激。你们的支持无处不在,无论是关注我的写作进度,还是在我完成一天的工作后为我准备一顿美味的咖喱饭!

感谢我所有过去和现在的来访者,你们允许我成为你们人生旅程的一部分,并以多种方式激励了我。

感谢我的三个孩子,你们对这本书的热情如此之高,并鼓励你们认识的每个人去购买一本。

最后,我要向我出色的丈夫致以最深的谢意,感谢你承担了大部分的家务琐事和育儿责任,为我营造了宝贵的写作空间。你对我的信任以及那些鼓励的话语,对我意义非凡。

作者简介

克莱尔·普拉姆布利博士是一名临床心理学家，同时也是 Good Therapy 有限公司的董事。该公司是一家专注于心理创伤治疗的机构，总部位于英国汤顿，并提供在线治疗服务。

克莱尔在英国国家医疗服务体系和私人诊所工作超过 20 年，在治疗焦虑症、心理创伤和倦怠症（职业过劳）相关方面积累了丰富的经验。她还是一名获得认证的 CBT（认知行为疗法）医师和 EMDR（眼动脱敏再处理疗法）顾问主管。